Sven von Loga
Claudia Lehnen

Römer, Moor & Eiszeithöhlen

Geo-Exkursionen für Familien in der Nordeifel

Eifelbildverlag

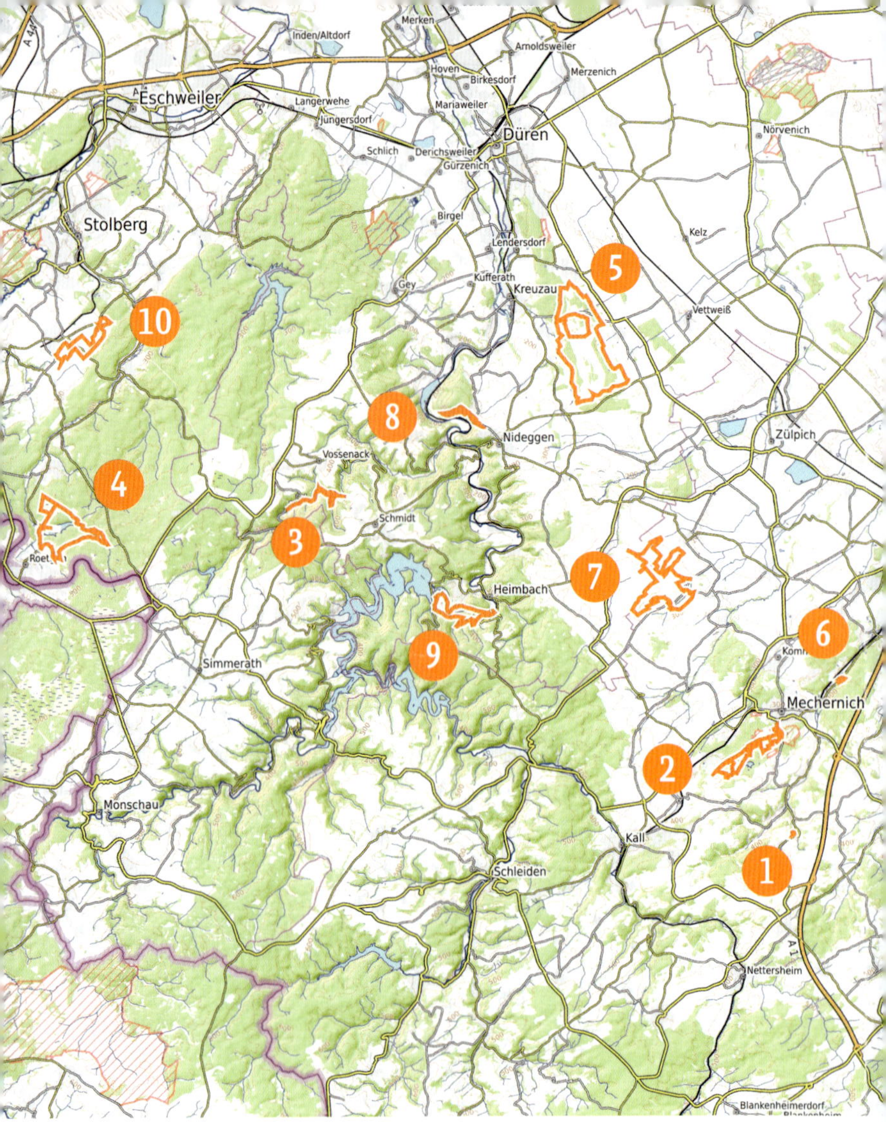

Hier finden Sie die GPS-Dateien der Exkursionen: https://eifelbildverlag.de/extras/geo03

Inhalt

Die Erdgeschichte des Rheinlandes und der Nordeifel

Diesen Exkursionsführer haben wir für Familien geschrieben, die die Geologie und die Erdgeschichte der Nordeifel kennen lernen wollen. Unterwegs auf unseren Exkursionen stoßen wir immer wieder auf Gesteinsformationen, wir finden bunte Sedimentschichten in alten Steinbrüchen, in Bachläufen entdecken wir freigespülte Felsen. Manchmal glitzern Kristalle in der Sonne, auf Äckern liegen Fossilien herum. Wir wandern zwischen Vulkanen hindurch und stoßen auf Höhlen. All das ist Geologie. Geologie ist extrem spannend, wenn wir sie verstehen und wenn wir ihre Schrift lesen können. Wir stehen im Gelände vor Zeugnissen, die die Erde vor vielen Jahrmillionen schuf. Für denjenigen, der sie interpretieren kann, ist es so, als würde er einen Krimi lesen. Denn die Geschichte der Erde ist ein seit Jahrmillionen andauerndes Abenteuer voller Katastrophen. Kontinente brechen auseinander und stoßen zusammen, Erdbeben verändern die Erdoberfläche. Vulkane schütten Lavamassen über die Erde und vernichten ganze Landschaften. Aber auch ganz langsame Vorgänge haben gravierende Folgen. Fließendes Wasser gräbt sich tief in Gebirge ein, bildet gewaltige Täler, frisst Höhlen in den Stein und schafft auf der anderen Seite tausende Meter dicke Sedimente im Meer.

Alles aber dauert seine Zeit, die Zeit ist die vierte Dimension der Geologie. Immer müssen wir im Auge behalten, dass geologische Vorgänge in Zeiträumen ablaufen, die wir benennen, aber die wir uns nicht vorstellen können. Wer kann sich ermessen, wie lange hundert Millionen Jahre sind? Wer kann sich in Gedanken ausmalen, dass sich ein

Kontinent fortbewegt? Ein Gebirge wie die Alpen wird in absehbarer Zeit zu Sandkörnern zerbröselt sein. Ein paar Dutzende Millionen Jahre wird das dauern, können wir so einen Vorgang erfassen? Das gewaltige Mittelrheintal mit der Loreley erscheint wie aus Stein gemeißelt und ist doch erdgeschichtlich ganz jung. Erst vor 400.000 Jahren begann der Rhein, sich in das Rheinische Schiefergebirge hinein zu fressen. Das soll jung sein? Ja, denn die Gesteine des Rheinischen Schiefergebirges sind dagegen uralt, sie bildeten sich vor 390 Millionen Jahren im Devonmeer, das damals die Region des heutigen Europas bedeckte. Dass der Atlantik vor 180 Millionen Jahren noch gar nicht existierte, weiß heute jeder Schüler. Aber wo finden wir Zeugnisse dafür? Finden wir sie auch in der Eifel?

Dieser Exkursionsband führt zu ausgesuchten geologischen Orten, an denen Geologie verständlich wird. Wir haben Touren ausgesucht, die landschaftlich reizvoll sind und spannende Erlebnisse bieten. Wer sich mit dem Thema Geologie beschäftigt, wird den Krimi Geowissenschaften unterwegs überall erleben. In der Eifel, im Siebengebirge und im Bergischen Land, in den Alpen und in den Pyrenäen. Aber genauso am Nordseestrand und auf den Kanarischen Inseln.

Schauen wir nun einmal, was sich im Rheinland in den vergangenen erdgeschichtlichen Epochen abspielte.

Vor 450 Millionen Jahren bildeten sich auf der Erde große Kontinentalmassen heraus. Im Süden lag der Urkontinent Gondwana, er bestand aus den alten Teilen des heutigen Afrikas, Südamerikas, der Antarktis, Australiens, Madagaskars und Indiens. Im Norden lag der Kontinent Laurussia. Großbritannien, Spitzbergen, Grönland und Nordostkanada enthalten Reste von ihm.

Aber was heißt jetzt schon wieder »alte Teile«? Nehmen wir Afrika, es besteht aus einem ganz alten Teil der Erdkruste, einem Kraton. Auf seinem Weg nach Norden schob es wie die Bugwelle eines Schiffs Sedimente vor sich her, die sich zum Gebirge auftürmten, dem Atlasgebirge. Oder Südamerika. Einst war auch Südamerika Teil des Urkontinentes Gondwana, erst zu Beginn des Erdzeitalters Jura zerbrachen die zusammenhängenden Landmassen von Afrika und Südamerika, jetzt erst öffnete sich der zuvor nicht existierende Atlantik. Südamerika wurde von Afrika weggedrückt und an seiner Ostseite entstand eine Knautschzone, eben die Anden. Ozeanische Erdkruste des Pazifiks und kontinentale Erdkruste des Kontinentes Südamerika stießen gegeneinander – die Anden falteten sich auf.

Zurück jedoch nach Europa. Während im Süden Gondwana lag, breitet sich im Norden Laurussia aus, auch Old-Red-Kontinent genannt. Dazwischen lag ein Urozean, die Paläothethys, den letzten Rest davon finden wir im heutigen Mittelmeer. Auf dem Nordkontinent hatte sich ein Hochgebirge gebildet, das Kaledonsische Gebirge, groß wie die heutigen Alpen, das nun langsam verwitterte. Die Verwitterungsprodukte, Sand, Kies und Ton wurden in das südliche Meer, die Paläothethys gespült. Hier bildeten sich zur Zeit des Unterdevon bis zu zehn Kilometer dicke Sedimente, überwiegend Sandsteine und Grauwacken. Auch Grauwacke ist ein Sandstein, er ist schlecht sortiert und überwiegend ungeschichtet.

Zum Ende des Unterdevons endete die Verwitterung des Kaledonischen Gebirges, es wurde kein Material mehr ins Meer gespült, das Wasser in der Thethys wurde klar und sauber. Es war ein flaches Meer, die Regionen der heutigen Eifel lagen damals noch unterhalb des Äquators, es war auch ein warmes Meer. In diesen tropischen Meeren wuchsen mächtige Stromatoporen- und Korallenriffe, es bildeten sich mächtige Kalksteinvorkommen. In viele Ablagerungen des Mitteldevons finden wir daher fossile Korallen, Stromatoporen (eine Art heute ausgestorbener Schwämme) und muschelartige Brachiopoden.

Zwischen Gondwana im Süden und dem Old-Red-Kontinent im Norden lagen nun mächtige Meeressedimente.

Gondwana drängte nach Norden, der Urozean wurde eingeengt und die Sedimente des unterdevonischen Meeres zu einem neuen Gebirge zusammengedrückt, das die Geologen Variszisches Gebirge nennen. Dieses Gebirge faltete sich im Erdzeitalter Unterkarbon vor 350 Millionen Jahren auf, im Oberkarbon vor 300 Millionen Jahren war es wieder verwittert. Bedenken wir dabei immer die langen Zeiträume. Wächst ein Gebirge nur um einen Millimeter im Jahr, steht dort nach 20 Millionen Jahren ein Hochgebirge. Wandert ein Kontinent nur einen Zentimeter im Jahr, ist er nach zehn Millionen Jahren 1000 Kilometer entfernt.

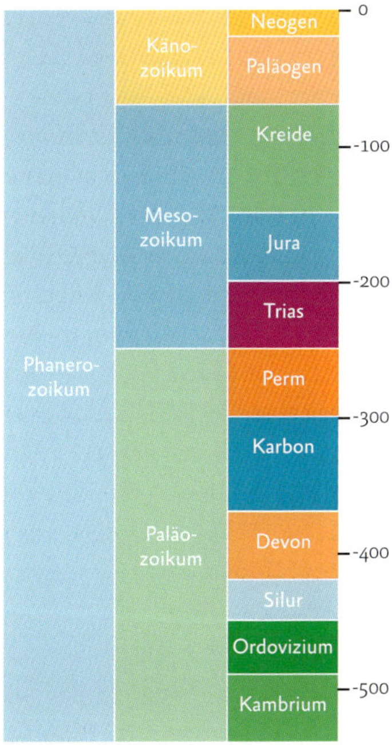

Tabelle der Erdzeitalter

Der Rumpf dieses Variszischen Gebirges ist das heutige Rheinische Schiefergebirge – Eifel, Sauerland, Siegerland, Bergisches Land, Hunsrück und Taunus. Aber auch die Belgischen Ardennen und Gebirge Böhmens in Osteuropa gehören dazu.

Im Perm, vor 300 Millionen Jahren, trafen alle existierenden Kontinentalmassen aufeinander, es bildete sich der Riesenkontinent Pangäa. Auf der Erde existiere jetzt nur noch ein großer Kontinent, wie eine Bucht ragte von Osten her die Paläothethys dort hinein.

Nur selten konnten Regenwolken den weiten Weg ins Landesinnere zurücklegen, auf dem Kontinent entwickelten sich deshalb großflächige Wüsten.

Am Anfang des Erdmittelalters, zu Beginn der Trias vor rund 250 Millionen Jahren, lag der Bereich der Eifel trocken auf dem Festland. Von den Ardennen, damals ein Hochland, wurde Verwitterungsschutt in das Eifelbecken gespült, die Eifel war damals ein Senkungsgebiet. Abgelagert wurden bunte, meist rötliche Sandsteine und Konglomerate mit kleinen bis kindskopfgroßen Quarzgeröllen. Die Ablagerungen waren terrestrisch, wurden also nicht im Meer, sondern auf dem Festland sedimentiert. Es handelte sich um Schuttmassen, die einfach die Berge hinab rutschten. Es gibt Gebiete, in denen Flussablagerungen auftreten, in andern finden sich Dünensande. Die Sedimente des Bundsandsteins finden sich vor allem im Raum Trier, in der Südeifel, in der Umgebung vor Gerolstein, in der Mechernicher Triasbucht und im Rurtal bei Nideggen – wir besuchen sie auf unseren Exkursionen. Weiter östlich in der Eifel sind die Buntsandsteinschichten bereits wieder verwittert.

Aus den Erdzeitaltern Jura und Kreide gibt es in der Eifel keine Ablagerungen. Erst im Tertiär kommt es wieder zu landschaftsformenden Ereignissen. Vor etwa 50 Millionen Jahren begann der Vulkanismus in der Zentraleifel oder Hocheifel. An die 400 Ausbruchspunkte sind hier bekannt, aber in der langen Zeit bis heute wurden große Teile der Vulkane verwittert, nur die basaltischen Schlotfüllungen stehen noch in der Landschaft, Hohe Acht und Nürburg sind bekannte Beispiele dafür. Zu dieser Phase des Eifelvulkanismus gehören auch einige Vulkane im Ahrtal wie die Landskrone und der Neuenahrer Berg.

Vor 30 Millionen Jahren brach die Niederrheinische Bucht ein. Große Bruchstrukturen in der Erdkruste ließen den Raum zwischen Bonn, Aachen, Roermond und Wesel absinken, wie wir auf unserer Exkursion nach Bürvenich eindrucksvoll erleben können. Den Übergang vom Mittelrhein zum Niederrhein erkennen wir hinter Linz, hier öffnet sich das enge Mittelrheintal, die Berge weichen auseinander, werden flacher und gehen in eine Ebene über, die

Niederrheinische Bucht. Die Nordsee drang in diesen Bereich vor, damals lag die Nordseeküste bei Bonn. Entlang der Ufer bildeten sich Sümpfe, aus denen mächtige Torfablagerungen entstanden. Aus diesem Torf entwickelte sich im Laufe der folgenden Jahrmillionen die Rheinische Braunkohle. Die Niederrheinische Bucht sank weiter ab, insgesamt lagerten sich während des Erdzeitalters Tertiär eintausend Meter mächtige Sedimente ab.

Schließlich erst vor rund einer Million Jahren wurde in der Eifel der Vulkanismus wieder aktiv. Im Untergrund bildete sich eine gewaltige Magmenstruktur, der sogenannte Eifelplume, Magma stieg vom Erdmantel ganz langsam nach oben, bis in 30 Kilometer Tiefe unter die Erdoberfläche. Dieser Plume existiert noch heute und ist dafür verantwortlich, dass der Eifelvulkanismus noch als aktiv gilt. Gerade im Jahre 2019 teilten Vulkanologen mit, dass sie tief unter dem Laacher See magmatische Bewegungen festgestellt hätten.

In der Westeifel und in der Osteifel brachen hunderte Vulkane aus. Überall ragen Schlackenkegel in den Himmel. Es handelt sich dabei um Vulkane wie beispielsweise Ätna oder Stromboli in Italien, es sind Feuerberge wie sie auf den jungen Kanarischen Inseln stehen, wie wir sie von den Azoren und den Kapverden kennen. Hier öffnete sich damals die Erde, Lava schoss heraus und häufte sich zu klassischen Vulkankegeln an.

Häufig finden sich in der Westeifel vulkanische Sprengtrichter als Eintiefungen, die sogenannten Maare. Einige Maare sind sogar wassergefüllt, man spricht dann von einem Maarsee. Etwa 75 Maare gibt es in der Eifel, das jüngste ist das Ulmener Maar, das vor 11.000 Jahren entstand.

Kakushöhle
Mechernich

1

In den Kalkhöhlen der Neandertaler

Zu Besuch bei einem geheimnisvollen historischen Wohnort und Lagerplatz

» Ich fand es cool, die Felsen zu erklimmen. Wir sind in einen engen Gang geklettert. Irgendwo kamen wir dann oben wieder raus. Das ist ein Abenteuer, man weiß ja gar nicht, wo so ein Gang endet.«

(Julius, 9 Jahre)

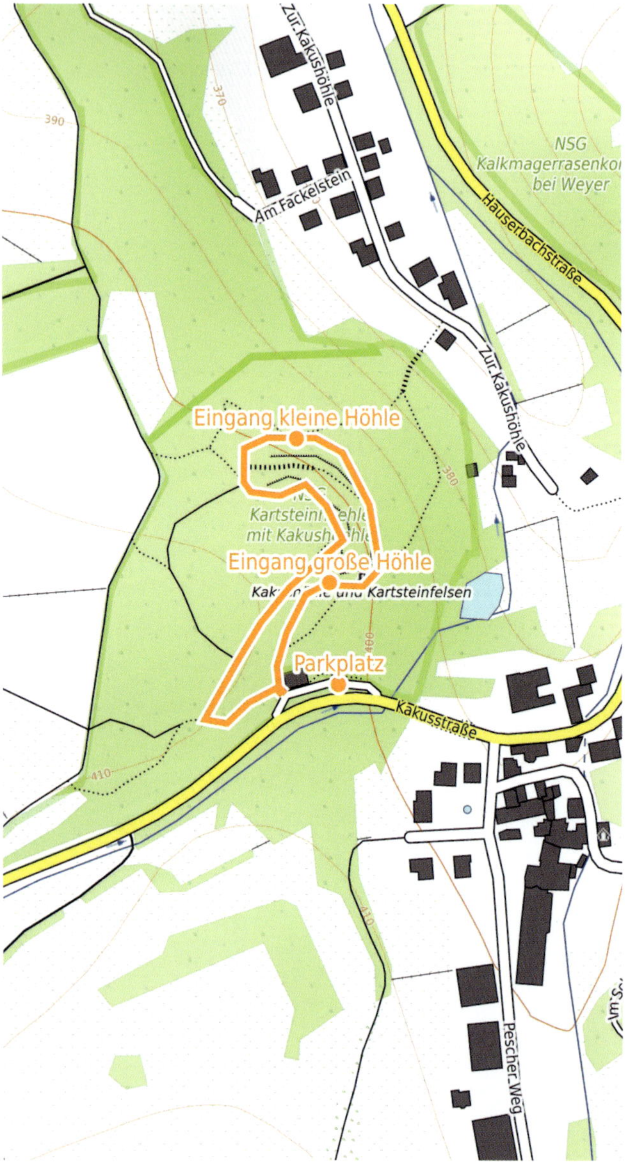
Zur Kakushöhle
Am Fackelstein
NSG
bei Weyer
Hauserbachstraße
Zur Kakushöhle
Eingang kleine Höhle
Eingang große Höhle
Parkplatz
Kakusstraße
Pescher Weg

Geeignet für: Kinder, Omas, geländegängige Kinderwagen. In die große Höhle gelangt eigentlich jeder, der Weg dorthin ist eben und auch mit dem Rollator zu schaffen. Danach beginnt allerdings ein bisschen Kletterei, die kleine Höhle ist nur über einen Pfad durch die Felsen zu erreichen.

Ausgangspunkt: Wanderparkplatz Kakushöhle, Kakusstraße (B 477), Mechernich-Dreimühlen

Streckenlänge: rund um die Höhlen 1000 Meter, Rundweg 9 Kilometer
Wanderzeit: rund um die Höhlen eine halbe Stunde, der größere Rundweg etwa 3 Stunden
Höhenmeter Anstieg/Abstieg: 50 Meter (rund um die Höhlen)
Anforderungen: leicht

ÖPNV: Die Buslinien 827 und 830 halten direkt beim Café, Haltestelle Dreimühlen
KFZ-Navi: Kakusstraße 0, 53894 Mechernich-Dreimühlen

Einkehr: am Wanderparkplatz im »Café zur Kakushöhle«, *www.cafe-kakushöhle.de*
Picknickplätze: direkt vor der Höhle

Empfohlene Ausrüstung: Taschenlampen; Schuhe, die zum Klettern geeignet sind

Höhlen, die man alleine erkunden kann, ohne Führer und ohne Guide, bergen ein besonderes Abenteuerpotential. Nur mit Taschenlampen ausgerüstet geht es in das vollkommen unbekannte Dunkel, eine neue Welt wird entdeckt. Niemand weiß, was den Höhlenforscher hinter der nächsten Ecke erwartet. Spannend ist das. Immerhin wohnten hier schon vor 50.000 Jahren die Neandertaler.

Tourbeschreibung

Die Kakushöhle im Kartsteinfelsen ist wahrhaftig ein echtes Abenteuer. Sie ist eine der größten offenen Höhlen der Eifel und kann von jedermann jederzeit betreten werden. Also auf ins Abenteuer Höhlenforschung, ausgerüstet mit Taschenlampen und mit Schuhen, mit denen es sich auch in den Felsen herum klettern lässt. Zu beachten ist: In und an der Kakushöhle finden manchmal Veranstaltungen statt. Fledermausführungen zum Beispiel oder naturkundliche Exkursionen oder auch ein Weihnachtsmarkt in der Adventszeit. Generell sind all diese Events interessant, den ernsthaften Höhlenforscher stören sie allerdings. Wer ungestört sein will, informiert sich also vorab auf der Homepage der Stadt Mechernich. *www.kakushoehle.de*

Direkt am Wanderparkplatz stoßen wir auf das sympathische »Café zur Kakushöhle«, in dem wir am besten nach der Exkursion Pause machen, erst müssen wir ja unseren Forscherdrang stillen. Neben dem Café führt der Weg zur nur 150 Meter entfernten großen Höhle, davor stoßen wir noch auf einen Grillplatz, den man anmieten kann. Und dann liegt auch schon der Eingang zur Höhle vor uns. Durch einige Spalten im Fels scheint noch ein bisschen Sonne hinein,

der wahre Reiz der Höhle offenbart sich dann aber erst im Dunkeln.

Der besondere Tipp: Machen Sie die Exkursion zur Kakushöhle doch mal an einem Tag mit schlechtem Wetter. Vor Regen ist man in der Höhle geschützt und an trüben Tagen ist es zudem dort drinnen richtig dunkel. Oder brechen Sie abends zur Erkundung auf. Ein bisschen Mut gehört dazu, in eine Höhle zu gehen, wenn es draußen dunkel ist und die Geräusche der Nacht allmählich die Luft erfüllen. Aber: Wer mutig ist, den erwartet ein ganz besonderes Abenteuer.

Unsere Exkursion führt vorne hinein in die große Höhle, hinten durch die engen Gänge wieder hinaus. Oder wir gehen wieder durch den vorderen Höhleneingang hinaus und

Geologischer Exkurs:
Der Kartsteinfelsen

18 Meter hoch ist der Kartsteinfelsen, der sich hier vor wahrscheinlich 300.000 Jahren gebildet hat. Die Gesteine der Eifel – vorwiegend Sandsteine und Schiefer – entstanden im Erdzeitalter Unterdevon vor etwa 400 Millionen Jahren und bilden das Grundgebirge des heutigen Rheinischen Schiefergebirges. Etwas später, im Mitteldevon vor 360 Millionen Jahren, war die Region von einem tropisch-warmen flachen Meer bedeckt, in dem große Korallen- und Stromatoporenriffe wuchsen. Aus den kalkigen Skeletten dieser Tiere entstanden mächtige Kalksteine. Mit den Kal-

ken des Kartsteinfelsens haben diese Kalke allerdings nur indirekt zu tun. Erst in erdgeschichtlich jüngster Zeit, vor 300.000 Jahren, sprudelte hier kaltes Wasser aus den Felsspalten, die die bereits vorhandenen Kalke durchzogen. Kalk löst sich in kaltem Wasser durch das darin enthaltene CO2-Gas. Das kalkhaltige Wasser fließt anschließend durch Spalten im Felsuntergrund und tritt irgendwann an die Erdoberfläche. Diese Spalten im Kalkgestein nennt man Karst, den Austritt des Wassers aus dem Felsen eine Karstquelle. An der Karstquelle ändern sich Temperatur und Druck, das gelöste Kohlendioxidgas (CO2) entweicht wieder aus dem Wasser und der Kalk fällt aus. Es bilden sich Kalksinter und Kalktuff. Sprudelt die Quelle lange, können daraus mächtige Felsen entstehen. So wie hier der Kartsteinfelsen. Andere Beispiele für solche Kalksinterfelsen sind der Wasserfall Dreimühlen bei Üxheim oder die berühmten Kalkterrassen von Pamukkale in der Türkei.

Durch tektonische Bewegungen des Gebirges wurde der Fels unter Spannung gesetzt, es taten sich Risse und Spalten auf, durch die das Wasser des Weyerer Baches ins Gestein sickern konnte. Dieses Wasser löste wiederum den Kalktuff auf, spülte ihn weg, vergrößerte so die Spalten – die Höhlen entstanden. Alle großen Höhlen weltweit liegen in Kalksteinen, die sich teils über Jahrmillionen bilden konnten, weil immer wieder kohlendioxidhaltiges Wasser durch Spalten im Kalkgestein lief und diese langsam vergrößerte.

Interessant sind Funde von Steinwerkzeugen, die im Kalktuff des Kartsteinfelsens eingeschlossen sind. Dies beweist, dass schon während der Bildung des Kalktuffes dort Menschen zumindest zeitweise ansässig waren. Seit 1932 ist die Region rund um den Kartsteinfelsen Naturschutzgebiet.

Geschichte, zu erzählen bei der Rast: Der Hufabdruck des Teufels

Man erzählt sich, dass bei der Entstehung dieser Höhle sogar der Teufel in Person seine Finger im Spiel hatte. Die Sage geht, dass sich einst sonntags zwei Bauern aus dem nahegelegenen Dorf am Kartsteinfelsen zum heimlichen Kartenspiel trafen. Eines Sonntags, als die Gemeinde in der Kirche war, saßen sie wieder hier, als sich ein Fremder zu ihnen gesellte, den sie zum Mitspielen einluden, wohl mit dem Gedanken, ihn richtig auszunehmen. Sie zockten die ganze Nacht, der Berg aus Geld und Gold auf dem Tisch wurde größer, der Fremde verlor immer mehr und schließlich schlug er vor, dass derjenige, der das Spiel zuerst beende, für immer Gast des Teufels werden solle. Geldgierig unterschrieben die Bauern den Vertrag mit ihrem eigenen Blut. Da fiel einem der Spieler eine Karte auf die Erde. Er hob sie auf und sah von dort unten, dass der fremde Mitspieler Hufe hatte: Er war selbst der Herr der Hölle! In Panik geraten, spielten Sie weiter, Tag um Tag, Nacht um Nacht, die Furcht hielt sie wach. Eine der Bauersfrauen, die ihren Mann suchte, fand die beiden am Kartsteinfelsen spielend, beobachtete sie heimlich und erkannte dabei auch den Teufel. Sie rannte so schnell sie konnte zum Pfarrer des Dorfes, der mit ihr zum Felsen eilte, mit hocherhobenem Kruzifix an den Spieltisch trat und den Teufel aufforderte, die Spieler freizugeben. Der Anblick des Kruzifix’ ließ den Teufel erzittern, er sprang auf, zerriss den harten Felsen und floh durch den so entstandenen Spalt zurück in die Hölle.

Diese Öffnung soll der enge Ausgang im oberen Teil der großen Höhle sein, dort ist auch heute noch der Abdruck eines Hufes des Teufels deutlich im Fels zu erkennen.

den schmalen Pfad um den Felsen herum und dort oben wieder in die Höhle hinein. Es gibt etliche Wege. Spannend und verschlungen sind sie alle. Von der großen Höhle führt sodann der Weg rechts um den Felsen herum auf einem verschlungenen Pfad hangaufwärts. Auf dem Weg kommen wir an der Felsspalte vorbei, an der die Höhle von oben betreten werden kann und suchen dort nach dem Hufabdruck des Teufels. Weiter windet sich der Weg durch einen engen Felsdurchgang und wir gelangen auf ein Plateau. Hier liegt

der Eingang zur kleinen Kakushöhle, die nicht minder sehenswert ist. Ein schmaler Einstieg führt in einen kleinen Saal, wie von einem Balkon schauen wir nach außen.

Die Kakushöhle ist einer der seltenen historischen Wohnplätze, die seit Urzeiten den Menschen als Zufluchtsort dienten. Das ist auch nicht verwunderlich, denn in der Frühzeit des Menschen baute der noch keine Häuser oder ähnliche Unterkünfte, als beste Wohnstellen dienten daher natürliche Höhlen. Die Kakushöhle war aufgrund ihrer Größe sicherlich eine besonders gute Unterkunft, in der die Menschen Schutz vor Wetter und Feinden fanden, in der sie ihre Beute verarbeiteten und ihre Jagdwaffen herstellten. So fanden Archäologen in der Kakushöhle Steinwerkzeuge, die sie dem Neandertaler zuordnen, einem Menschen, der vor 30.000 Jahren ausgestorben ist. Diese Steinwerkzeuge könnten durchaus 80.000 Jahre alt sein. Aber auch die Reste ihrer Beute fanden sich in der Kakushöhle: Knochen von Mammuts, Rentieren, Wollnashörnern und Wildpferden.

Später, zum Ende der letzten Eiszeit vor 12.000 Jahren, als noch große Rentierherden durch das baumlose Rheinland zogen, lebten auch Gruppen der »Ahrensburger Rentierjäger« am Kartstein. Gefunden wurden ihre Pfeilspitzen.

Auch in der Steinzeit vor 6.400 Jahren war der Kartstein besiedelt, erstmals bauten hier Menschen nun Häuser und pflanzten Getreide an. Einmal geerntet verwahrten sie das Getreide in Tongefäßen, deren Scherben die Archäologen fanden und die zur sogenannten Bandkeramik zugeordnet werden. Es verwundert nicht, dass sich letztlich auch Kelten und Römer hier tummelten. Solch eine grandiose Höhle stellte auch für sie eine bevorzugte Wohnlage dar. Vor 2500 Jahren lebten am Kartstein die Kelten, die Gerätschaften und Waffen aus Eisen herstellten. Diese Epoche wird als Eisenzeit bezeichnet, sie dauerte hier von 1000 vor Chr. bis ins Jahre 0.

Folgen wir dem Rundweg um den Kartstein, gelangen wir letztendlich auf das Plateau, von dem der Weg wieder hinab zum Café führt. Hier oben auf dem Plateau wurde in der Eisenzeit Eisenerz verhüttet, d.h., das Erz wurde in einem mit Holzkohle beheizten Ofen geschmolzen, unten heraus tropfte das Eisen, während das geschmolzenen Nebengestein obenauf als Schlacke schwamm. Es waren die Kelten, die hier Eisen verhütteten, um Waffen herzustellen.

Wer eine größere Tour machen möchte, geht einfach den Wanderweg 7 der Gemeinde Mechernich. Er führt vom Café an der Höhle die Treppen hinauf und ist rundum ausgeschildert. Eine Beschreibung dieses Weges findet sich auf der Website des Mechernicher Eifelvereins.

www.eifelverein-mechernich.de

Mechernicher Bleiberg

2

Wo schon die Römer nach Blei gruben

Eine Tour durch eine der größten Bleierzlagerstätten der Welt

» Die Höhlen zu sehen, war der Hammer. Wenn man sich vorstellt, dass dort in den Gängen schon die Römer unterwegs waren und hier nach Erz suchten, dann wird einem ganz feierlich zumute. Toll fand ich aber auch die kleinen Schlangen, die wir auf dem Weg entdeckten und die ich sogar auf die Hand nehmen durfte.«

(Freddy, 10 Jahre)

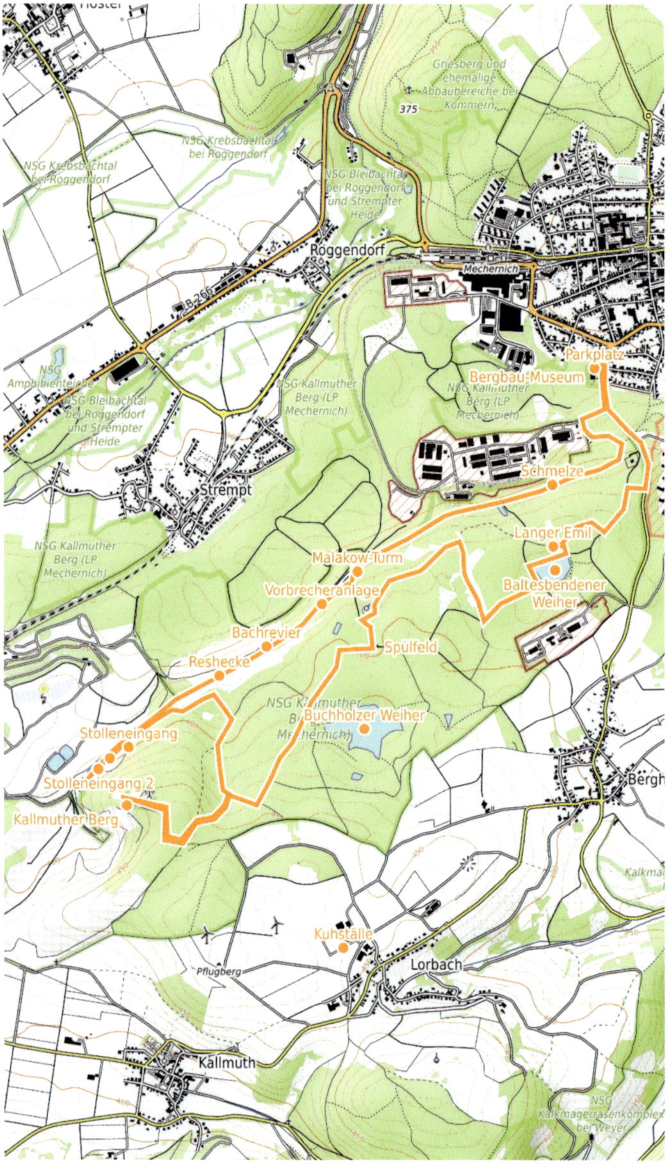
Griesberg und ehemalige Abbaubereiche bei Kommern
375
NSG Krebsbachtal bei Roggendorf
NSG Krebsbachtal bei Roggendorf
NSG Bleibachtal bei Roggendorf und Strempter Heide
Roggendorf
Mechernich
B 266
Parkplatz
Bergbau-Museum
NSG Kallmuther Berg (LP Mechernich)
NSG Kallmuther Berg (LP Mechernich)
NSG Amphibienteiche
NSG Bleibachtal bei Roggendorf und Strempter Heide
Strempt
Schmelze
NSG Kallmuther Berg (LP Mechernich)
Langer Emil
Malakow-Turm
Vorbrecheranlage
Baltesbendener Weiher
Bachrevier
Spülfeld
Reshecke
Buchholzer Weiher
Stolleneingang
Stolleneingang 2
Kallmuther Berg
Kuhställe
Pflugberg
Lorbach
Kallmuth
NSG Kalkmagerrasenkomplex bei Weyer

Geeignet für: Kinder, Omas und Opas, geländegängige Kinderwagen

Ausgangspunkt: Bergbaumuseum Mechernich

Streckenlänge: ca. 11 Kilometer
Wanderzeit: 3–4 Stunden
Höhenmeter: 236 Meter
Anforderungen: leichte Tour auf unkomplizierten Wegen

ÖPNV: Bahnhof Mechernich, zu Fuß 15 Minuten zum Bergbaumuseum
KFZ-Navi: Bleibergstraße 6, 53894 Mechernich

Einkehr: keine, aber nach der Tour finden sich rund um den Bahnhof etliche Gaststätten
Picknickplätze: wir meinen, der Aussichtspunkt auf dem Kallmuther Berg ist der beste Platz für ein Picknick

Attraktionen mit Eintritt: Bergbaumuseum Mechernich, *www.bergbaumuseum-mechernich.de*

Was man sammeln und entdecken kann: An vielen Stellen lassen sich Bleierze sammeln. Wer nicht sicher ist, ob er den richtigen Stein aufgehoben hat, der vergleicht mit einem anderen normalen Kiesel: Bleierze sind viel schwerer als normale Steine und oft rötlich gefärbt.

Wie würde es rund um Mechernich heute aussehen, wenn hier immer noch Blei abgebaut würde? Wir fänden eine riesige zerwühlte Landschaft mit tiefen Kratern vor, wie wir sie nur von Filmaufnahme aus Australien oder Südamerika kennen.

Die größte Bleierzlagerstätte Europas liegt auch heute noch in der Eifel rund um Mechernich. Fünf Prozent der weltweit bekannten Bleierzvorkommen liegen hier, aus Kostengründen werden sie nicht abgebaut, denn auf anderen Kontinenten wird das Blei erheblich günstiger gefördert. Lange Zeit war das aber anders. Mehr als 2000 Jahre lang wurde am Mechernicher Bleiberg das Erz gewonnen. Schon die Kelten gruben hier danach, später taten dies die Römer, hernach verliehen alle zuständigen Fürsten an einzelne ihrer Untertanen das Recht, am Bleiberg Bergbau zu treiben. 1794 erlebte der Bergbau einen deutlichen Aufschwung, die Eifel kam unter französische Besatzung und Napoleon benötigte das Eifler Blei für seine Eroberungsfeldzüge. 1937 übernahm die Preussag, einst mächtiger deutscher Rohstoffkonzern, den Mechernicher Bergbau, ein Drittel des deutschen Bleibedarfs während des Zweiten Weltkriegs wurde mit Material aus Mechernicher gedeckt. Am Ende des 19. Jahrhunderts arbeiteten etwa 4500 Menschen hier. 1957 schloss der Bergbaukonzern Preussag das Werk ziemlich überraschend.

Tourbeschreibung

Wir starten am Bergbaumuseum in Mechernich, hier gibt es ausreichend Parkplätze. Ein Besuch des spannenden Bergbaumuseums lohnt sich in jedem Fall, dazu sollte vor oder nach der Wanderung Zeit eingeplant werden. Vom Museum folgen wir der Wanderwegmarkierung »Eifelschleife/Bergbauhistorischer

Wanderweg« an der Hauptstraße entlang, passieren die Einfahrt zur Bleibergkaserne, bis auf der gegenüberliegenden Straßenseite der Wanderweg in den Wald führt. Das große Schild »Bergschadensgebiet – Betreten verboten« ignorieren wir, das Betreten der Wanderwege ist erlaubt. Allerdings, die ganze Tour führt durch ein Bergbaugebiet, in dem auch untertägig abgebaut wurde. Es gibt deshalb Stellen, in denen sich im Untergrund alte Stollen verbergen. Und dort hinein kann man theoretisch durch entstandene Löcher stürzen. Deshalb sollten wir auf jeden Fall auf den ausgeschilderten Wegen bleiben. Dort ist das Wandern völlig ungefährlich.

Wer sich den Boden genauer ansieht, der erblickt dort seltsam schwere Gesteinsbrocken. Es handelt sich um Schlacke, das geförderte Erz wurde durch Aufschmelzung in Metall und Gestein getrennt. Der Weg führt hier durch das Gebiet der ehemaligen Magdalenenhütte – eine Hütte ist ein Erzaufbereitungswerk – deshalb liegt hier so viel Schlacke herum, genug für jeden, der ein Stück als Erinnerung mitnehmen möchte. Relikt der Magdalenenhütte ist auch der »Lange Emil«, den wir nach zwei Wegbiegungen hinter dem Gebüsch versteckt finden. Schon wieder ein Superlativ. Die größte Bleierzlagerstätte Europas überragte nämlich auch der seinerzeit mit 134,6 Metern höchste Schornstein der Welt. Früher war er eine weithin sichtbare Landmarke und galt als Wahrzeichen Mechernichs. Heute ist allerdings nur noch sein Stumpf erhalten, denn im Jahre 1951 wurde der »Lange Emil« durch ein Erdbeben beschädigt, 1961 dann gesprengt.

Um die Ecke liegt der Baltesbender Weiher, einst angelegt, um die Wasserversorgung der Bergwerksbetriebe zu sichern, ist er heute ein verträumter kleiner See mit Pflanzen, Insekten und Amphibien.

Weiter geht es den Wanderweg entlang. Nach ein paar Kurven und einem Weg vorbei an Apfelbaumwiesen taucht plötzlich rechts im Wald ein merkwürdiges rundes Bauwerk auf. Wir haben den »Großen Eindicker« gefunden. Das geförderte Erz wurde zu feinem Staub zermahlen und in diesem Eindicker mit Wasser vermengt. Gleichzeitig wurden sogenannte »Schäumeröle« zugefügt, die bewirkten, dass das Bleierz zusammen mit eingeblasener Luft an die Oberfläche stieg und dort abgeschöpft werden konnte. Das verbleibende Wasser-Sand-Gemenge wurde danach auf Spülfelder aufgespült, der Sand abgelagert, das Wasser wiederverwendet.

Kurz hinter dem Eindicker halten wir uns nach links hangaufwärts. Oben angekommen gehen wir nach rechts, es sieht plötzlich aus wie auf einem Deich. Tatsächlich handelt es sich auch um eine Art Deich, es ist die Staumauer des ehemaligen Spülfeldes. Hier hinein wurde also das sehr sandige Wasser geleitet. Die Flüssigkeit verdunstete, zurück blieb der Sand.

Ein Stück weiter zeigt ein Wegweiser nach links zum Buchholzer Weiher. Wer mag, macht einen Abstecher dorthin und findet ein verträumtes, herrliches Biotop, das geradezu zwingend eine Pause erfordert. Wir können dort herumsitzen, über das Wasser schauen und die vielen dort lebenden Frösche und Kröten beobachten.

Nach einer scharfen Rechtskurve erreichen wir einen asphaltierten Fahrweg. Nach links den Hang hinauf geht es zum Aussichtspunkt oberhalb des gewaltigen Tagebaus auf dem Kallmuther Berg. Diesen Anblick sollten wir uns nicht entgehen lassen und dort oben dann auch eine Picknickpause einlegen.

Es geht zurück, wir folgen dem Fahrweg immer hangabwärts. Am Wegesrand zwischen den Bäumen entdecken wir zahlreiche große Ameisenhaufen. Nach einiger Zeit stößt der Fahrweg auf einen Zaun, hier wird es jetzt mal richtig spannend. Während der markierte Wanderweg nach rechts abbiegt, halten wir uns links. Schon oft sind uns auf unserem vorherigen Pfad schön gerundete Steine in der Größe eines Kinderkopfs aufgefallen. Hier sehen wir sie nun im Anstehenden (so nennt der Geologe das Gestein, das noch fest in seiner ursprünglichen Position im Berg ruht). Es handelt sich um Buntsandsteinkonglomerate, Schutt des Ardennenhochlandes, der vor 230 Millionen Jahren im älteren Teil des Erdzeitalters Trias über die Eifel geschüttet wurde. Dazwischen erkennen wir auch Partien feiner Sandsteine, es handelt sich ebenfalls um Schutt vom Ardennenfestland, aber meist als Flugsand hierhin geweht und dann zu Sandstein verfestigt. In diese sandigen Partien trieben schon die Römer Stollen auf der Suche nach Bleierz. Wir stehen hier staunend vor den viele Meter dicken Konglomeraten und

Geologischer Exkurs:
Wie wird Erz aufbereitet und Metall gewonnen ?

Metalle wie Blei und Eisen liegen nicht als Metall im Boden, sondern sind chemisch mit einem anderen Element, bspw. Sauerstoff oder Schwefel, verbunden. Es gibt etwa das schwarze magnetische Eisenerz Magnetit Fe3O4 oder den Bleiglanz PbS, eine Verbindung aus Blei und Schwefel. Das sind Erze, aus denen das Metall als reines Metall erst gewonnen werden muss. Eine dieser Aufbereitungsmethoden ist die Flotation, ein physikalisch-chemisches Trennverfahren. Dazu wurde das Erz in sogenannten Pochwerken, das sind große Hämmer, die meist mit Wasserkraft betrieben wurden, in möglichst feine Körnchen zerhämmert. An den hydrophoben metallischen Körnchen bleiben Gasblasen besser haften als am nichtmetallischen Nebengestein. Die metallischen Körnchen treiben deshalb mit den Gasblasen an der Wasseroberfläche und können abgeschöpft werden. Genau das geschah im »großen Eindicker«. Es wurde Luft eingeblasen, die sich an den Bleikörnchen anhaftete und diese nach oben trieb. Der bunte Sand sank nach unten. Das oben schwimmende Blei wurde abgefischt und in die Schmelze gebracht. Das nun schon stark angereicherte Bleisubstrat wurde verhüttet, d.h. aufgeschmolzen, der noch im Pulver verbliebene restliche Sand war deutlich leichter und schwamm auf der Schmelze oben, während das schwere Metall nach unten sank. So funktioniert das Hochofenverfahren. In den großen Eisenhochöfen des Ruhrgebietes wird das glühendflüssige Metall unten im Hochofen durch den »Abstich« abgelassen, zurück bleicht die Schlacke, das aufgeschmolzene Gestein. Die Schlacke wurde früher weggekippt, heute wird sie gelegentlich als Straßenuntergrund verwendet. Das Metall wird dann weiter verarbeitet.

überlegen, wie denn diese gewaltigen Schuttmassen von den Ardennen hierhergekommen sein mögen. Des Rätsels Lösung ist die Zeit: in der Geologie rechnen wir in Jahrmillionen, nichts geht schnell, deshalb ist auch viel möglich.

Gingen wir den Fahrweg geradeaus weiter, würden wir eigentlich in den großen Steinbruch gelangen, in den wir vorhin vom Aussichtspunkt aus hinein gesehen haben. Aber stabile Zäune hindern uns daran. Sie schützen die Untertageanlagen UTA der Bundeswehr.

Hinter dem Zaun mit dem bedrohlichen Schild – an dem wir immerhin ein cooles Foto machen können – führt der Weg weit in den Steinbruch hinein, irgendwann öffnet sich ein Schlund im Berg, der Eingang des fünf Kilometer langen Hauptstollens. Mehr als 13 Kilometer lange Tunnel hat die Bundeswerk in den Bleiberg gegraben. Insgesamt ergeben sich 87.000 Quadratmeter Fläche. Einst geplant im Kalten Krieg als Instandsetzungswerft für Kampfflugzeuge wie auch als Kommandozentrale für die Luftwaffe, dienen die Anlagen heute in erster Linie als Materiallager. Auch eine Küche ist dort unten vorhanden, 1500 Soldaten können bekocht werden. Von diesen Dimensionen haben die Bergleute früher höchstens geträumt.

Geschichte, zu erzählen bei der Rast:

Ende des 19. Jahrhunderts erlebte der Bleiabbau in Mechernich seine Blüte. Es schufteten dort 3000 Menschen, jährlich wurden mehr als 20.000 Tonnen Blei gefördert, die Menge ist etwa so schwer wie gut 100 ausgewachsene Blauwale. Ein Vergnügen war das für die Arbeiter nicht. Deshalb nannten die Männer das Bergwerk »Auf Spandau«, das war eine Strafanstalt in der Nähe Berlins und wie Häftlinge fühlten sich die Kumpels während der Arbeit. Wenn unter Tage gesprengt wurde, war die Luft hernach so dermaßen schlecht, dass die Kumpels über Schwindel klagten und sich übergeben mussten. Es soll immer wieder vorgekommen sein, dass Arbeiter nach der Sprengung längere Zeit wie betrunken auf dem Boden liegen bleiben mussten. Viele Bergleute litten nach einigen Jahren unter Tage unter Bleivergiftungen. Die Arbeit war so mühselig, dass viele all das nüchtern gar nicht ertragen konnten. Man erzählt sich, dass viele Bergmänner pro Tag bei der Schicht einen halben Liter Schnaps tranken – man nennt ihn auch Bergmannsgruß. Später gaben die Chefs Bier aus, um wenigstens die Alkoholkonzentration etwas herabzusetzen.

Der weitere Weg ist einfach zu finden und nicht besonders dramatisch, aber interessant. Die Bundeswehr hat hier eine befestigte Straße gebaut. Sie führt geradewegs von der Bleibergkaserne zur UTA. Autos verkehren hier so gut wie nie. Wir passieren alte Bergbaugebiete, von denen wir aber nichts mehr erkennen können, alles ist zugewachsen, nur die Infotafeln geben Auskunft. Umso interessanter ist der unübersehbare Malakoff-Turm direkt am Wegesrand. Es handelt sich um einen alten Förderturm, der im Jahre 1870 über einem Schacht der Bleierz-Zeche Emil errichtet wurde. Während im Ruhrrevier bald ein Förderturm neben dem anderen im Stil des Malokowturmes errichtet wird, sind diese im Rheinland selten und dieser hier ist der einzige erhaltene Malakow-Förderturm im Rheinland. Leider ist der Einstieg in die Unterwelt hier verschlossen..

Der Weg zum Bergbaumuseum zurück muss hier nicht mehr beschrieben werden, er ist ausgeschildert.

Kallbachtal

3

Gefaltete Erdschichten in der Eifel

Immer entlang des Kallbachs

»Ich finde es toll, dass sich an der Mühle ein echtes altes Mühlrad dreht, wie es das früher gab. Außerdem können wir überall und auch am Bach rumtoben und verstecken spielen.«

(Mirko, 9 Jahre)

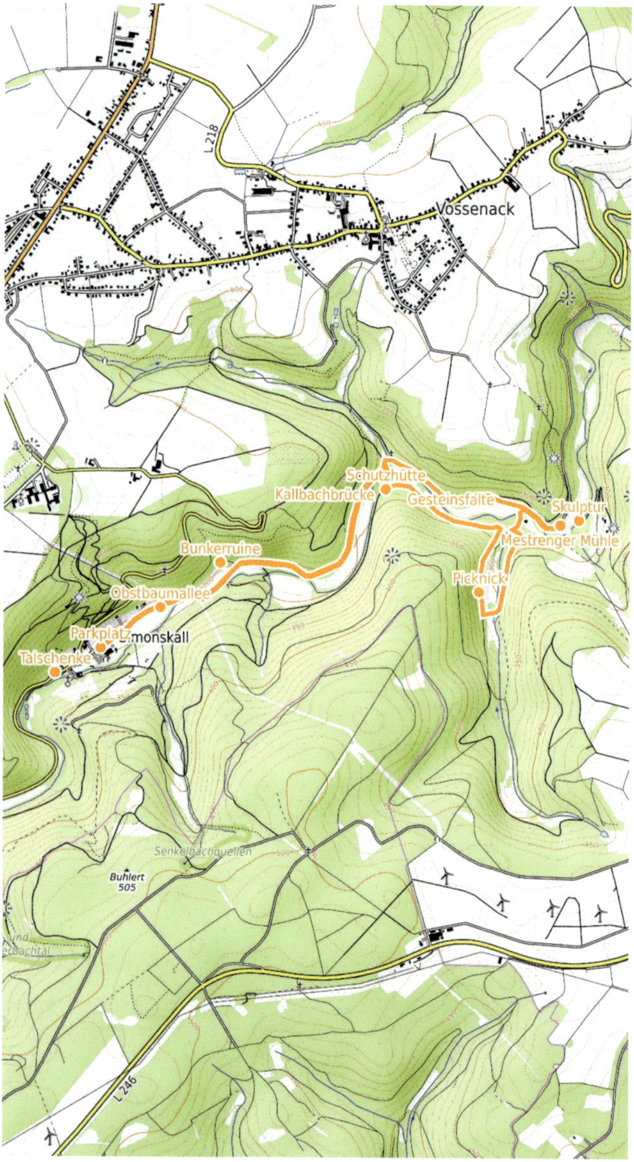
Vossenack
L 218
Schutzhütte
Kallbachbrücke
Gesteinsfalte
Skulptur
Mestrenger Mühle
Bunkerruine
Picknick
Obstbaumallee
Parkplatz
Talschenke
Senkelbachquellen
Buhlert
505
L 246

Geeignet für: Nahezu jedermann. Die Wege sind überwiegend breit genug und gut begehbar und auch kinderwagengeeignet. Allerdings kann es sein, dass an der Mestrenger Mühle der Kallbach durchwatet werden muss. Für diejenigen, die das nicht wollen, haben wir die Route B beschrieben.

Ausgangspunkt: Wanderparkplatz in Simonskall

Streckenlänge: etwa 7 Kilometer
Wanderzeit: 3 Stunden
Höhenmeter Anstieg/Abstieg: 50 Meter
Anforderungen: leicht

ÖPNV: von Hürtgenwald und Vossenack fährt die Buslinie 286 nach Simonskall
KFZ-Navi: Simonskall 20, 52393 Hürtgenwald

Einkehr: Mestrenger Mühle im Kallbachtal,
www.mestrenger-muehle.de
Picknickplätze: überall auf der Strecke, besonders nett an der Brücke über den Kallbach (Schutzhütte oder Bachufer) und in der Mestrenger Mühle (an speziellen Tischen dürfen Wanderer ihren eigenen mitgebrachten Proviant verzehren)

Attraktionen: Der Mühlenverein bietet Führungen in der Mestrenger Mühle nach Voranmeldung an, Tel. 02474 9987085

Empfohlene Ausrüstung: keine besondere

Eine leichte Wandertour durch herrlich schattige Wälder an einem idyllischen Bach entlang zur schönsten Gesteinsfalte der Eifel. Wer hier steht, versteht welch unendliche Kräfte im Erdinnern regieren. Unterwegs sind Bachabenteuer garantiert und am Wegesrand lassen sich süße Tiere beobachten.

Tourbeschreibung

Das Kallbachtal galt einst als Mühlental. Vor einigen Jahrhunderten waren dreizehn Wasserräder in Betrieb, sie drehten Mühlsteine und trieben Hämmer und Sägen an. Als letzte all dieser Mühlen stellte die Mestrenger Mühle in den 1930er Jahren den Betrieb ein. Beeindruckend ist, dass die gesamte historische Malwerkstechnik bis heute erhalten ist.

Simonskall ist trotz seiner abgelegenen Lage kein einsames Örtchen, sondern hat sich zum reinen Touristenort gemausert, auch wenn es nur aus einigen Häusern besteht. Auch Motoradfahrer mögen die Straßen voller Serpentinen hinunter ins Tal. An schönen Sommertagen kann es hier schon sehr voll werden, mehrere Restaurants bieten viele Plätze. Aber dennoch lohnt sich der Ausflug dorthin, der Weg durchs Kallbachtal ist wunderschön, wir laufen dort fern von allen Motorgeräuschen am idyllisch dahin mäandrierenden Kallbach entlang.

Vom Wanderparkplatz in Simonskall folgen wir dem Kallweg ins Kallbachtal und wandern zunächst auf einem noch asphaltierten Weg, der auf beiden Seiten von Obstbäumen gesäumt ist. Es ist noch gar nicht so lange her, dass sie gepflanzt wurden. Auf den Wiesen entlang des Weges können wir Schafe, Pferde und Kühe beobachten. Ein bisschen erscheint die Landschaft wie aus einem alten Heimatfilm, da windet sich der Bach, am Ufer stehen Bäume über das Wasser gebeugt, auf den Wiesen grasen friedlich Kühe. Schafe beobachten uns neugierig.

Unser Weg führt am Bach entlang, bis nach etwa zwei Kilometern an einer Kreuzung von mehreren Wegen unser Pfad nach rechts über eine steinerne Brücke führt. Hier ist der Bach für uns zum Greifen nah, die Ufer sind flach und im Bachbett zeigen sich große Flächen voller abgerollter Steine. Diese Ufer laden doch geradezu dazu ein, ans Wasser zu gehen, hier eine Pause zu machen, einen Staudamm zu bauen und vielleicht auf der Geröllbank zu picknicken. Nun kann es aber sein, dass der Bach zu viel Wasser führt oder das Wetter regnerisch ist, dann bietet sich für ein Picknick die Schutzhütte auf der anderen Seite der Brücke an.

Wir gehen über die Brücke, halten uns links und stehen nach zweihundert Metern an einer wunderschönen Gesteinsfalte, es ist wohl die schönste Gesteinsfalte der Eifel. Nirgend-

Geologischer Exkurs: Verbogene Erdschichten

Natürlich können wir an solch einer Falte nicht vorbeigehen, ohne uns Gedanken zu machen, wie sie denn wohl entstanden ist. Wer hier genau hinguckt, versteht letztlich die Entstehung ganzer Gebirge. Zunächst erkennen wir, dass die Falte aus etlichen Gesteinslagen besteht, der Geologe sagt, die Schichten sind gut gebankt, es hatten sich dort einst Sandablagerungen verschieden feiner Körnung abgelagert. Immer dort, wo sich die Korngröße ändert, entsteht eine neue Schicht. Gibt es keine Unterschiede in der Körnung, das heißt in der Größe der Sandkörner, lassen sich auch keine unterschiedlichen Schichten erkennen. Das Sedimentpaket und das daraus durch Verfestigung entstandene Gestein ist durchaus mächtig, aber ungeschichtet und ungebankt. Durch tektonische Bewegungen sinken die Erdschichten ab, sie werden von weiteren Sedimenten überlagert, das konnten im Erdzeitalter Devon vor 400 Millionen Jahren durchaus tausende Meter überlagernde Sedimente sein. Die Gesteinsschichten in der Tiefe stehen unter höherem Druck und sind höheren Temperaturen ausgesetzt, dadurch werden die Sedimente warm und weich, aber nicht aufgeschmolzen, sie werden kompakter und verfestigen sich, es entstehen aus zunächst lockeren Sanden Sandsteine. Gerichteter Druck verbiegt und verformt die zunächst waagerecht liegenden Schichten. Woher aber kommt die-

wo anders in der Eifel lassen sich verbogene Gesteinsschichten so gut beobachten. Eine Informationstafel erläutert die ehemalige Landschaft und die Bildung eines Faltengebirges.

Wir lassen die Falte hinter uns und folgen dem Weg und gelangen letztlich zur Mestrenger Mühle. Aber Vorsicht – kurz

ser Druck? Dazu muss man wissen: Ganz Europa steht unter Spannung. Seit dem Zerbrechen des Urkontinentes Gondwana auf der südlichen Erdhalbkugel driftet ein Teil von Gondwana, nämlich Afrika, nach Norden und prallt gegen Europa. Die Alpen existierten damals noch nicht. Die Ablagerungen im Devonmeer wurden vor 400 Millionen Jahren von Afrika zusammengedrückt und verfaltet. Das kann man sich vorstellen, als würde man die Tischdecke auf dem Tisch auf der einen Seite festhalten und auf der anderen Seite zur Mitte schieben. Auf der Tischmitte würde das Tuch dann Falten werfen. Eine der zahlreichen Falten, die dabei entstanden, ist heute am Kallbach zu sehen.

vor der Mühle fehlt die Brücke über den Bach. Wer es sich zutraut, kann den Bach durchwaten, je nach Jahreszeit ist er knöcheltief oder auch tiefer. Wer nicht trittsicher ist oder mit dem Kinderwagen unterwegs ist, geht besser wieder über die Steinbrücke an der Schutzhütte zurück, hält sich rechts und folgt dem ausgeschilderten Weg zur Mestrenger

Geschichte, zu erzählen bei der Rast: Die Schlacht im Hürtgenwald

Dies ist keine so schöne oder phantasiereiche Geschichte, wie wir sie in den anderen Kapiteln erzählen konnten. Diese Geschichte ist grauenvoll und vielleicht will sie nicht jeder seinen Kindern auf der Tour erzählen. Sind die Mädchen und Jungen schon alt genug, kann sie das Wissen über die schreckliche Zeit des Zweiten Weltkrieges aber auch sensibilisieren und dazu beitragen, dass derlei Unmenschliches nie wieder auf diesem Boden passiert.

Schließlich werden Kinder vielleicht einmal Politiker.

Im Hürtgenwald tobte eine der schrecklichsten Schlachten des Zweiten Weltkrieges. Nach der Landung der alliierten Truppen in der Normandie rückten 1944 US-amerikanische Soldaten in den Hürtgenwald vor, um an den Rhein zu gelangen und stießen hier auf die deutsche Wehrmacht. Es war eine der verlustreichsten Kämpfe des Zweiten Weltkrieges. Der US-amerikanische Schriftsteller Ernest Hemingway nahm an dieser Schlacht als Kriegsberichterstatter teil. Für den Hürtgenwald und seine Dörfer bedeuteten die Kämpfe die totale Zerstörung. Heute erinnert kaum noch etwas in dieser schönen Landschaft an diese Gräuel.

Als »Schlacht im Hürtgenwald« gingen drei Schlachten zwischen US Army und Deutscher Wehrmacht in die Geschichte ein, die zu den schwersten und verlustreichsten des Zweiten Weltkrieges gehörten. Alleine die US-amerikanische Armee hatte mehr als 12.000 Tote und mehr als 20.000 Verletzte zu beklagen. Die Orte im Hürtgenwald wie Vossenack wurden nahezu vollständig zerstört.

Mühle. An der Mühle lässt es sich vortrefflich einkehren und essen.

Hinter der Mestrenger Mühle können wir noch ein paar hundert Meter geradeaus gehen, um an der nächsten Brücke auf die Skulptur »A time for healing« zu treffen. Sie erinnert daran, dass verwundete amerikanische Soldaten von deutschen Ärzten in einem eigens dafür ausgehandelten Waffenstillstand behandelt wurden.

Der Rückweg ist einfach und ausgeschildert, es geht immer Richtung Simonskall.

Wer jetzt noch Zeit oder gar Hunger hat und noch einkehren möchte, findet auf der Straße in Simonskall einige recht sympathische Gaststätten, von denen uns am besten die »Talschenke« am anderen Ortsausgang gefallen hat.

Naturschutzgebiet Struffelt

4

Ausflug in ein wildes Land vor unserer Zeit

Das Naturschutzgebiet Struffelt bietet Eiszeitflair und einen Blick auf den Millionen Jahre alten Untergrund der Eifel

» Die Tour war vom Anfang bis zum Ende supercool. Ich hätte nochmal ein paar Kilometer dranhängen können. Am allerbesten hat mir die Kletterei am Anfang gefallen, als wir mitten durch den Wald hangaufwärts mussten. Und dann haben wir eine Menge Tiere entdeckt: Winzige Frösche und eine ganze Menge Eidechsen.«

(Arno, 11 Jahre)

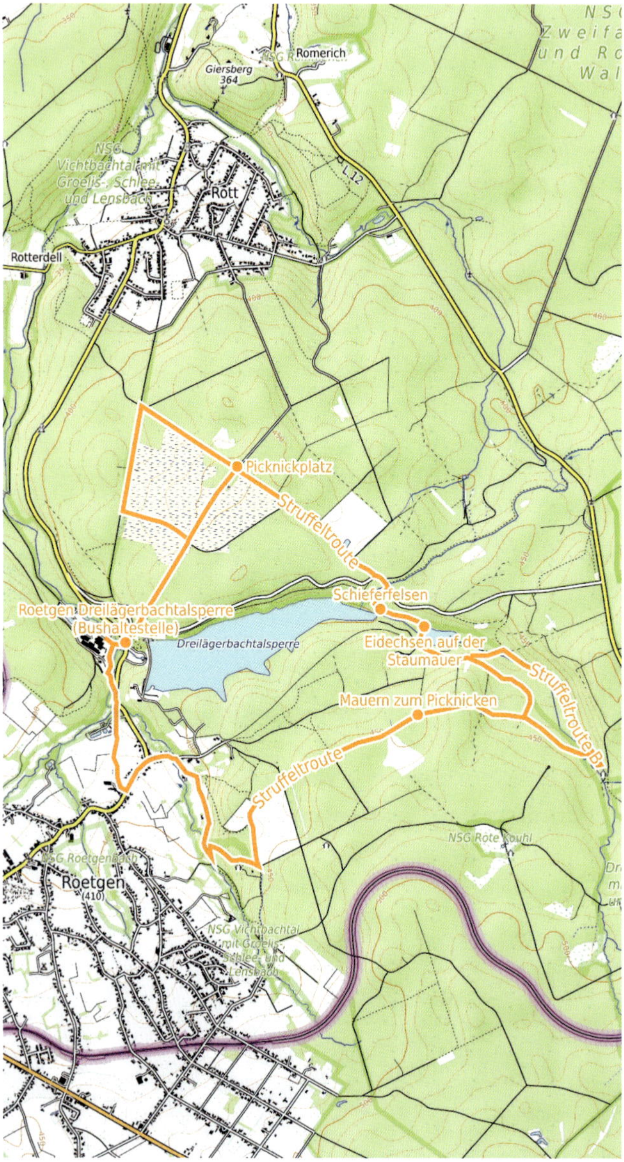
Romerich
Giersberg
364
NSG Vichtbachtal mit Groelis-, Schlee- und Lensbach
Rott
L 12
Rotterdell
Picknickplatz
Struffeltroute
Schieferfelsen
Roetgen Dreilägerbachtalsperre
(Bushaltestelle)
Dreilägerbachtalsperre
Eidechsen auf der
Staumauer
Struffeltroute B
Mauern zum Picknicken
Struffeltroute
NSG Rote Kouhl
NSG Roetgenbach
Roetgen
(410)
NSG Vichtbachtal mit Groelis-, Schlee- und Lensbach

Geeignet für: Jeden mit Trittsicherheit und ein wenig Kondition. Mit einem Kinderwagen sollte man sich nicht aufmachen, da der Weg sich an einigen Stellen auf schmalen Pfaden mit dicken Wurzeln durch den Wald schlängelt.

Ausgangspunkt: Parkplatz Filterwerk Roetgen

Streckenlänge: 9,7 Kilometer
Wanderzeit: 4 Stunden
Höhenmeter Anstieg/Abstieg: 200 Meter
Anforderungen: Trittsicherheit und ein bisschen Kondition sind notwendig, auf Abkürzungen kann man nicht hoffen, da die Talsperre umrundet wird.

ÖPNV: mit dem Bus zum Filterwerk
KFZ-Navi: Filterwerk, 52159 Roetgen, Deutschland

Picknickplätze: Wer das Moor hinter sich gelassen hat, findet einen Platz mit Bänken und Tischen. Wer noch nicht hungrig ist, muss die Brotdose aber auch noch nicht auspacken. Der Weg führt fast ausschließlich durch den Wald und da entdecken wir immer wieder Baumstümpfe und Steine, auf denen es sich herrlich picknicken lässt.

Empfohlene Ausrüstung: festes Schuhwerk

Was man sammeln und entdecken kann: Spannend zu beobachten sind unter anderem die riesengroßen Ameisenhaufen, an denen wir vorbei laufen. Aber vorsichtig, wer den Tieren zu nahe kommt, dem krabbeln die Ameisen schnell in den Schuhen herum.

Wer gleich mehrere Zeitreisen in einem Wandertag unterbringen will, der ist hier im Struffelt richtig. Rund um die Dreilägerbachtalsperre bei Roetgen erstreckt sich ein wunderbares Naturschutzgebiet mit einem kleinen Moor, das noch zum Hohen Venn gehört und als Relikt der letzten Eiszeit betrachtet werden kann. Um in die Tage der Entstehung zu reisen, müssen wir uns gerade mal gut 11.000 Jahre in die Vergangenheit zurück beamen. Denn damals endete die jüngste Eiszeit. Die ursprüngliche und unberührt wirkende Landschaft versetzt den Wanderer für eine Weile in graue Vorzeit zurück. Spuren der Zivilisation lassen sich hier weitgehend ausblenden. Die Tour führt uns außerdem zum Untergrund der Eifel. Und der hat schlappe vierhundert Millionen Jahre auf dem Buckel. Insgesamt ist so eine Tour am Rand des Moors eine aufregende Sache. Wer hier unterwegs ist, hält sich besser an alle Schilder und verlässt die ausgewiesenen Wege und Pfade nicht. So manchen Unvorsichtigen hat das Venn für immer behalten. »Das Venn gibt es und es nimmt es«, sagen Einheimische.

Tourbeschreibung

Vom Parkplatz überqueren wir die Straße und folgen auf der gegenüberliegenden Straßenseite dem markierten Pfad (den Wegweisern der Struffelt-Route folgen) hangaufwärts. Der Pfad windet sich in engen Serpentinen durch den Wald, bis er oben auf einen asphaltierten Fahrweg mündet. Wir gehen nach rechts und stoßen nach 50 Metern auf eine kleine Aussichtsplattform, von der wir auf die Staumauer der Dreilägertalsperre blicken können. Das ist ein bisschen so, wie wenn wir uns die Streckenlänge auf einer Landkarte angucken würden. Um den Stausee müssen wir einmal rings herum.

Geschichte, zu erzählen bei der Rast: Das stinkende Gold von Monschau

Das Städtchen Monschau, das malerisch in einem tief eingeschnittenen Tal nahe der belgischen Grenze liegt, hatte seine große Zeit im 18. Jahrhundert, als hier feiner Stoff gewoben und in viele Länder exportiert wurde. An den Hängen rund um den Ort wurden die Tuche zum Trocknen aufgehängt. Für die Nasen der Bewohner Monschaus muss das eine eher unangenehme Sache gewesen sein. Denn vor dem Trocknen wurde das Rohgewebe aus Mangel an Seife in eine Lauge aus Wasser und Urin zu Stoff verfilzt. Das im Urin enthaltene Ammoniak machte das Tuch dabei dichter und weicher. Immerhin hatten die Monschauer so einen einträglichen Nebenerwerb. Sie zogen nämlich des Nachts durch die Straßen und sammelten den Urin ein, den die Menschen damals einfach noch in die Rinnsteine kippten. Mit der Zeit wurden die Bürger immer geschäftstüchtiger und streckten den Urin mit Wasser auf die doppelte Menge, um auch die doppelte Entlohnung von den Tuchmachern zu erhalten. Die Tuchmacher bemerkten das aber natürlich bald, da die Flüssigkeit nur noch halb so wirkungsvoll war. Und so entwickelte sich der Beruf des Urinschmeckers. Der musste dann anhand des Geschmacks und der Konsistenz herausfinden, wie hoch der Ammoniak-Gehalt im zum Verkauf angebotenen Urin wirklich war.

Geologischer Exkurs:
Wie entsteht ein Moor?

Die Moore, die heute an manchen Stellen der Erde noch zu entdecken sind, entstanden vor vielen tausend Jahren in der letzten Eiszeit. Das ganze Land war damals mit Eis bedeckt. Als es wärmer wurde, schmolz das Eis. Es regnete viel und dort, wo das Wasser nicht versickern konnte, entstanden Seen. Gewächsen säumten ihre Ufer. Und wenn die Bäume oder Büsche abstarben, versank ein Teil davon im Wasser. Weil Pflanzen im Wasser anders als an Land, kaum verrotten, wurde die Schicht der Pflanzen auf dem Grund immer dicker, die Seen immer seichter, bis sie schließlich verlandeten. Durch den Druck von anderen Pflanzen, die oben wuchsen, verwandelten sich die modernden Pflanzen unten langsam in Torf. So genannte Niedermoore entstanden. An manchen Stellen der Erde wucherten über dem Torf aber nun Torfmoose. Diese Pflanzen sind sehr gut an die Bedingungen angepasst, wachsen deshalb immer höher und überwuchern so auch andere Pflanzen. Die unterste Schicht aus Torfmoos stirbt im Laufe der Zeit ab. Irgendwann wird die Torfschicht so dick, dass das Grundwasser es nicht mehr mit Flüssigkeit versorgen kann. Es kann sich deshalb nur bei genügend Niederschlag von oben weiterentwickeln. Es entsteht ein Hochmoor. Hochmoore – und um ein solches handelt es sich im Hohen Venn - sind vor allem ein Paradies für seltene Pflanzen und Tiere. Kraniche beispielsweise finden hier Nahrung bevor sie in ihr Winter- oder Sommerquartier weiterziehen. Bodenbrüter wie der Goldregenpfeifer, die es bei der heute intensiv genutzten Landschaft oft schwer haben, eine ruhige Ecke zur Aufzucht ihrer Jungen zu entdecken, finden hier ungestörte Nistmöglichkeiten. In Niedermooren fühlen sich wegen der ganzjährigen Versorgung mit Wasser von unten viele Amphibienarten besonders wohl.

Wem das nicht zu weit erscheint, läuft ein paar Schritte zurück und wählt rechts einen markierten Pfad – wieder hangaufwärts. Oben angekommen führt uns der Weg ein Stück durch den Wald, dann öffnet sich die Moorfläche. Der Anblick ist wild, ursprünglich und wunderschön. Wer schon einmal im nördlichen Schweden oder Finnland war, fühlt sich an die klaren Weiten dort erinnert. Vor allem im Herbst und Winter wirkt die Landschaft hier unnahbar und auf eine verstörend schöne Art wie aus einer anderen Zeit. Auf schmalen Holzstegen geht es immer geradeaus durchs Moor. Links und rechts säumen zuweilen kleine Birken den Weg, dazwischen erstreckt sich Heidekraut. Einmal zweigt ein Holzsteg nach links ab. Wer ein biss-

chen länger im Moor verweilen will, wählt ihn und macht – wie auf der Karte eingezeichnet – einen kleinen Umweg.

Zum Ende des Moores wartet ein Picknickplatz. Dort angekommen biegen wir nach rechts ab. Nach ein paar hundert Metern taucht links des Weges ein verträumter Tümpel auf. Hier gibt es auch eine Bank, auf der es sich sitzen und rasten lässt.

Auf einer kleinen Brücke überqueren wir den Pegel am Hasselbachhandgraben. Anschließend biegen wir nach links ab und folgen hangabwärts dem Weg. Auf der linken Seite entdeckt das geologisch geschulte Auge schräggestellte Schieferfelsen, die aus der Erde lugen. Durch tektonische Kräfte wurden die ehemals flach liegenden Sedimentgesteine verfaltet, verbogen und schräg aufgeworfen. Was

wir da sehen, ist nicht weniger als die 400 Millionen Jahre alten Ablagerung des Unterdevons. Die Sedimente sind 10.000 Meter mächtig und bilden das Rheinische Schiefergebirge. Auf diesen devonischen Gesteinen lagern die jüngeren erdgeschichtlichen Formationen wie der Buntsandstein, die Eifelvulkanite und hier im Hohen Venn auch die eiszeitlichen Moore, von denen sich einige Reste erhalten haben.

Der Weg führt über die Staumauer des Vorbeckens des Stausees. Wer ein bisschen aufmerksam ist, kann im Sommer massenhaft Eidechsen auf den großen Steinblöcken am Wegesrand in der Sonne liegen sehen.

Wir folgen der ausgeschilderten Struffelt-Route (längere oder kürzere Version), stoßen auf den Schleebachgraben und

halten uns rechts. Auf einem schmalen Pfad folgen wir eine ganze Weile dem Bach als Wegweiser. Am Boden entdecken wir immer wieder Felsbrocken mit weißen Milchquarzadern. Mit diesem Gestein befassen wir uns noch an anderer Stelle des Buches. Wir bleiben immer auf dem Pfad neben dem Graben und überqueren immer mal wieder breitere Wege. Wer aufmerksam nach links und rechts guckt, der entdeckt zuweilen das riesige, zum Hügel aufgetürmte Gewusel am Wegesrand: Hier haben Ameisen ihren Staat gebaut. Schließlich kommen wir zum Eingang des Waldkindergartens. Dort wählen wir rechts den Pfad hinab, der Weg ist als Struffeltroute ausgeschildert. Vorsicht: Hier kann man sich auch mal verlaufen, wenn man nicht aufpasst, denn der Weg ist schmal und verwachsen. Am besten, man orientiert sich eine Etage höher an den Bäumen, auf denen immer wieder Schilder die richtige Richtung anzeigen.

Wer nicht vom Pfad abgekommen ist, gelangt auf einen asphaltierten Fahrweg. Dort laufen wir rechts, bis wir in die Ortschaft gelangen. Von dort folgen wir immer den Markierungen der Stuffeltroute. Kurz vor dem Ziel wartet links des Weges noch eine Panzersperre aus dem Zweiten Weltkrieg. Vielleicht hat der ein oder andere schon auf der Hinfahrt dergleichen entdeckt. Betonsockel, tief in den Boden gerammt, waren Teil des Westwalls des Deutschen Reiches. Sie sollten nach einer Landung der alliierten Streitkräfte die Panzer aufhalten und verhindern, dass die Soldaten auf deutsches Territorium vordrangen. Auch dieser Kontrast zwischen wunderschöner Wanderroute durch die friedliche Natur und die Erinnerung an die Gräueltaten, die hier während der Schlachten des Zweiten Weltkrieges das Leben in der Nordeifel bestimmten, macht die Strecke so interessant.

Drover Heide

5

Die Heide der Urzeitbüffel

Im Sommer verwandelt sich die außergewöhnliche Landschaft in ein purpurnes Blütenmeer

»Mir hat die Heide mit den vielen Blümchen am besten gefallen. Auch, weil es ein bisschen aufregend war, dass da manchmal Schilder stehen, die vor Munition warnen.«

(Pina, 8 Jahre)

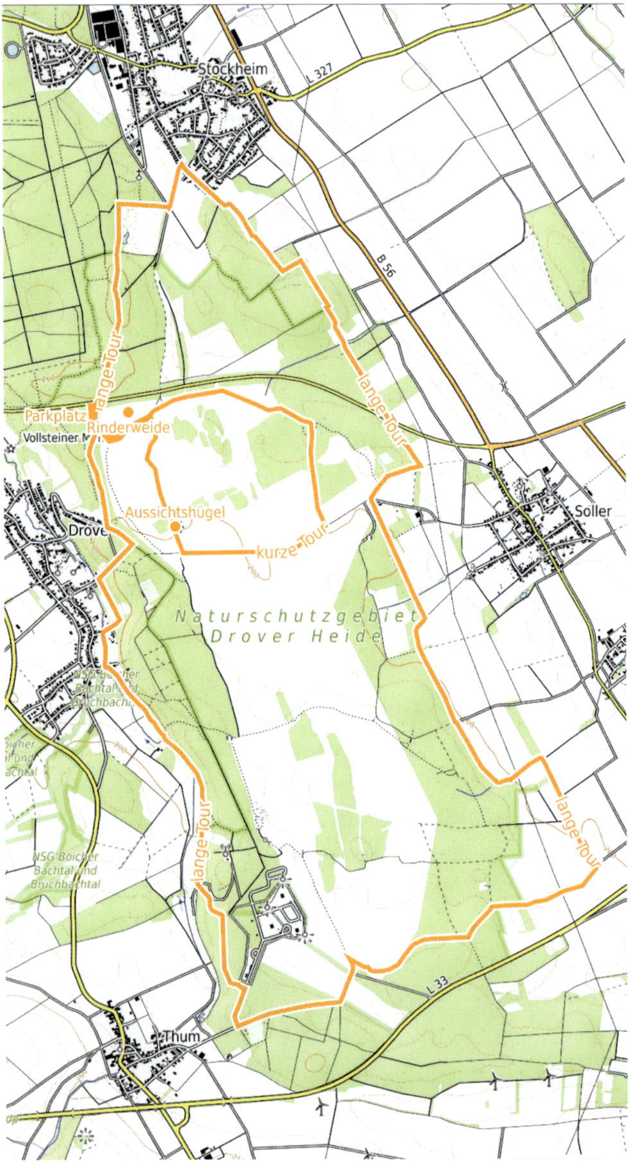
Stockheim
L 327
B 56
lange Tour
Parkplatz
Rinderweide
Vollsteiner M
Aussichtshügel
kurze Tour
Drove
Soller
Naturschutzgebiet Drover Heide
NSG Boicher Bachtal und Bruchbachtal
L 33
Thum

Geeignet für: Alle – hier können sowohl die Großeltern als auch das Kleinkind im Kinderwagen mit

Ausgangspunkt: Wanderparkplatz Drover Heide an der K28 zwischen Drove und Soller nahe Kreuzau

Streckenlänge: lange Tour 14 Kilometer (abkürzbar auf zehn Kilometer, wenn man den Teil nördlich des Parkplatzes weglässt), kurze Tour 4,5 Kilometer
Wanderzeit: Wer kleine Kinder dabei hat, sollte die kurze Tour wählen, die wir hier auch beschreiben. Sie ist vollgepackt mit Erlebnissen und dauert auch ihre Zeit, da es zu einigen Aufenthalten kommen wird.
Höhenmeter Anstieg/Abstieg: keine, das Gelände ist flach
Anforderungen: leicht, für jedermann zu schaffen

ÖPVN: Bahnhof Kreuzau/Eifelstrasse, von dort geht man 30 Minuten zu Fuß bis zum Wanderparkplatz
KFZ-Navi: Wanderparkplatz Drover Heide (Nord). Man findet diese Adresse bei Google Maps.

Picknickplätze: Immer wieder passieren wir Bänke, aber auch Baumstämme, die als Sitzplätze für schöne Picknicks dienen

Empfohlene Ausrüstung: Fernglas, Wasserglas und Lupe für die Krebssuche

Was man sammeln und entdecken kann: Beobachtenswert sind in jedem Fall die urigen, zotteligen schottischen Hochlandrinder, die in der Drover Heide auf verschiedenen Weiden grasen.

Es erwartet uns eine wunderschöne Heidelandschaft, die sich für einige Wochen im Spätsommer in ein purpurfarbenes Blütenmeer verwandelt. Im Kontrast zum gelben Magerrasen und unter blauem Himmel, wird sie jeden Besucher verzaubert zurücklassen. Aber auch zu jeder anderen Jahreszeit hat diese Region ihre Reize. Gerade im Winter, wenn sich Frost auf die Pflanzen gelegt hat, lassen sich in der Drover Heide bizarre Pflanzenformen entdecken. Wer eher Wert auf Fauna legt, ist hier auch richtig: Bodenbrüter mit spektakulären Namen wie Ziegenmelker, Raubwürger und Neuntöter sind hier zu Hause. In den zahlreichen Tümpeln schwimmen Urzeitkrebse, Kreuzkröten und Kammmolche. Spektakulär und nicht zu übersehen sind außerdem die zotteligen Rinder, die auf verschiedenen Weiden grasen und manchmal nur einen Meter von uns entfernt mit ihren Kiefern das saftige Gras durchmalmen. Zu verdanken ist die Landschaft ihrer militärischen Nutzung, bis 2004 war die Heide Truppenübungsplatz der belgischen Armee.

Tourbeschreibung

Die Panzer, die hier hundert Jahre lang durch die Landschaft pflügten, zerstörten jede aufkommende Baumvegetation schon im Keim. Die schweren Fahrzeuge wühlten Mulden in den Untergrund, mehr als 700 kleine und größere Wasserflächen entstanden. Auch nach dem Abzug des Militärs blieb eine Moor- und Heidelandschaft erhalten, die ohne den Einsatz der Panzer zugewachsen und ausgetrocknet wäre. Dort, wo keine Fahrzeuge entlangdonnerten, siedelten Pflanzenarten, deren Lebensräume anderswo zerstört wurden. Trotz des Militärs – weil nämlich Menschen dort sonst fehlten – fanden viele Vögel hier ein Brutgebiet. Bisher konnten hier mehr als 130 unterschiedliche Vogelarten beobachtet werden. Darunter sind auch einige, die die EU-Vogelschutzrichtlinie wegen ihrer Seltenheit besonders bewahren will. So zum Beispiel den Ziegenmelker, die Heidelerche oder den Neuntöter. In den zahllosen Tümpeln leben aber auch Frösche, Kröten, Molche und andere Amphibien. Was ihren Speiseplan üppig und abwechslungsreich macht: Viele Insektenarten schwirren hier herum, darunter allein 21 Arten von Libellen. Entstanden ist die Heimat all dieser Tiere schon vor etwa 700.000 Jahren während des Altpleistozäns (älteres Eiszeitalter), als hier noch der Rhein entlang floss und seine Sande und Kiese ablagerte (Ablagerung der Jüngeren Hauptterrassen).

Machen wir uns also auf den Weg vom Wanderparkplatz in Richtung Süden, um hier direkt nach links auf dem markierten Wanderweg an der Weide vorbei zu spazieren. Wenn

Geologischer Exkurs:
Rheinkiesel und Rheinablagerungen – Gerölle und Geschiebe

Der Rhein floss nicht immer so, wie er heute fließt. Erst 1817 begann man damit, den Fluss zu begradigen, so dass auf dem Strom Schiffe bis nach Basel fahren konnten. In den Jahrtausenden zuvor bestand der Rhein nördlich von Linz, wo der Fluss das enge Mittelrheintal verlässt und in die Niederrheinische Bucht fließt, aus einem weiträumigen System aus vielen Wasserläufen zwischen zahllosen Kiesbänken (Braided River). Immer wieder veränderten die Wasserrinnen ihren Lauf. Die Niederrheinische Bucht schob sich wie ein Keil ins Rheinische Schiefergebirge hinein und sinkt langsam aber stetig seit Millionen Jahren nach unten. Während sich im Mittelrheintal wegen der Enge des Tales keine Sande und Kiese ablagern können, ist in der Niederrheinischen Bucht auf einmal Platz dafür. Seit vielen hunderttausend Jahren schüttet der Rhein hier deshalb seine Sedimentfracht hinein. Gewaltige Ablagerungen von Rheingeröllen sind so entstanden. Und Raum für all dieses Geröll war reichlich vorhanden. Rechtsrheinisch war die

5

Ausbreitung zwar durch den Anstieg des Bergischen Landes begrenzt, linksrheinisch konnte sich der Schotter aber viele Kilometer weit ausdehnen. So finden wir Rheinterrassen auch noch viele Kilometer westlich in Düren, Mönchengladbach und Geldern.

Der Eiszeitforscher unterscheidet zwischen Geschieben und Geröllen. Die Rheinablagerungen bestehen aus Geröllen, das sind Gesteinsbruchstücke, die der Fluss mitgebracht und rundgerollt hat. Sie sind im nichtvergletscherten Gebiet entstanden. Geschiebe hingegen hat ein Gletscher mitgebracht, praktisch vor sich hergeschoben. Auch diese Gesteinsbruchstücke sind schön rund, aber sie wurden nicht durch fließendes Wasser rund gerollt, sondern von den eiszeitlichen Gletschern von Skandinavien ins Rheinland geschoben und bei diesen Bewegungen schön rund gehobelt. Der weiteste Gletschervorstoß im Rheinland endete während der Saalekaltzeit vor etwa 400.000 Jahren nördlich von Düsseldorf.

wir Glück haben, grasen hier schon die Schottischen Hochlandrinder. Fast neben uns am Wegesrand stehen dann diese zotteligen Urzeitviecher mit ihren gewaltigen Hörnern und blicken uns aus ihren großen Kulleraugen freundlich an. Sie und die Thüringische Waldziege nehmen hier sozusagen die Funktion von Gärtnern ein, indem sie aufkommende Gehölze wie die Birke kurz halten. Die kleinen Bäumchen sind nämlich eine Gefahr für die Heidelandschaft. Denn Heide ist nur ein Zwischenstadium in der natürlichen Entwicklung Richtung Wald. Weil man die Heide aber erhalten will, lässt man die Stämme durch die Rinder verspeisen oder immer wieder abholzen.

Auf Stegen führt der Weg weiter durchs Moor. Wir gelangen auf eine große offene Wiese. Immer wieder sind an Wegabzweigungen Warnschilder auf querliegenden Baum-

stämmen befestigt. »Betreten verboten« und »Lebensgefahr!« steht da. Und man sollte die Schilder ernst nehmen. Es kann tatsächlich lebensgefährlich sein, die ausgewiesenen Wege zu verlassen, denn auf dem Militärübungsplatz wurde mit scharfer Munition geschossen, von der noch etliches unentdeckt unterm Sand vergraben ist.

Wer da so an den Absperrungen steht und seinen Blick über die faszinierend lilafarbene Heide schweifen lässt, sollte sich aber nicht allzu sehr über die Menschen ärgern, die hier Explosives im Boden hinterlassen haben. Denn: Natürliche Heidelandschaft gibt es nicht, jede Heidelandschaft wurde vom Menschen geschaffen. Entstanden ist sie überall dort, wo so lange und so viel Vieh graste, dass der Boden auslaugte. Aber auch dort, wo große Flächen Wald gefällt oder mittels Brand gerodet wurden oder Waldboden in handlichen Stücken zur Nutzung als Stalleinstreu abgetragen wurde. Plaggenhieb nennt man diese Art der Nutzung und man kann sagen: All das zerstörte den Boden. In Norddeutschland oder im Rheinland entstanden solche Heiden vor allem auf sauren, nährstoffarmen Böden, die sich in der Eiszeit aus Flussablagerungen (Kies und Sand) oder aus Geschieben bildeten. War die Vegetation auf den Kiesen und Sanden entfernt, wehte der Wind oft feine Körnchen heraus und lagerte die anderswo als Flugsanddünen ab (wie zum Beispiel in der Wahner Heide bei Köln oder in den Maasduinen in den Niederlanden).

Wieder führt unser Weg durch mooriges Gebiet. Etwas später biegen wir nach rechts ab (oder gehen geradeaus die große Runde) und wandern durch eine herrlich weite, offene Landschaft, nur am Horizont trifft unser Auge auf Fichtenwälder. Die Gebiete links des Weges sind durch Zäune abgesperrt. Hier laufen ab und zu Ziegen herum, die hier fressen und dadurch den Bewuchs niedrig halten sollen, ansonsten gehört die Landschaft den hier heimischen Tieren und Pflanzen. Eine dieser Tierarten werden wir nicht zu sehen bekommen, nur eine Infotafel informiert uns, dass hier Exemplare dieser Spezies wohnen. Triops, ein winziger Urzeitkrebs, der seit 250 Millionen Jahren auf der Erde lebt und sich seither nicht verändert hat, paddelt hier durch Tümpel und Pfützen. Vielleicht kennen ihn manche Erwachsene noch als 80-er-Jahre-Gimmick aus dem Yps-Heft. In der Natur ist er aber eine Rarität. Er kann nur in immer wieder austrocknenden, sonnigen Gewässern leben. Zumindest in NRW ist er nur in der Drover Heide heimisch.

Auf den Weiden halten wir natürlich auch wieder Ausschau nach Rindern, manchmal grasen sie auch weit entfernt im Hintergrund.

Kurz vor dem Waldrand taucht rechts des Weges ein Aussichtshügel auf, der uns einen sehr weiten Blick über die Landschaft erlaubt. Wenn wir bisher noch keine Picknickpause gemacht haben, dann ist hier der richtige Ort dafür.

Wieder runter vom Hügel biegen wir nach rechts ab. Seit Beginn unserer Wanderung laufen wir auf sandigem Bo-

Geschichte, zu erzählen bei der Rast:

Der Ziegenmelker, von dem etwa 30 Paare in der Drover Heide ansässig sein sollen, beschäftigt Vogelliebhaber schon seit Jahrtausenden. Auch Plinius räumte dem rindenfarbenen Vogel vor gut 1900 Jahren einen besonderen Platz in seiner enzyklopädischen Naturgeschichte ein. »Sie stehlen bei Nacht, denn am Tage können sie nicht sehen, sie dringen in die Ställe der Hirten und fliegen nach den Eutern der Ziegen, um Milch zu saugen. Durch diese Gewalttätigkeit stirbt das Euter ab, und die so gemolkenen Ziegen werden blind.« Was Plinius schreibt, klingt verstörend brutal, ist aber ein Irrtum, wie sich mittlerweile herausstellte. Der Ziegenmelker ist ein komplett harmloser Vogel. Lediglich Insekten dürften ihn wegen seiner Jagdfähigkeiten fürchten. In seinem Namen trägt der Ziegenmelker die üble Nachrede allerdings bis heute. Wie der Gelehrte auf die absurde Geschichte kam? Wahrscheinlich, weil er beobachtete, wie der Vogel in der Nähe der Ziegen nach Insekten jagte. Vielleicht verlieh dem Vogel auch sein

den mit sehr vielen Kieselsteinen. Es sieht hier fast aus wie am Rheinufer und genaugenommen war hier ja auch einmal das Rheinufer. Vor 400.000 Jahren lagerte der Rhein diese Sande und Kiese hier ab und deshalb können wir auch heute nach interessanten Geröllen Ausschau halten. Neben den häufigen Sandsteinen, Quarziten und Milchquarzen können wir hier auch Granite aus dem Schwarzwald oder dem Elsass und Achate aus dem Saar-Nahegebiet entdecken. Wen der Forschergeist packt, der sammelt besonderer Flug einen gewissen Ruf. Fliegt er doch unheimlicherweise flatterhaft, aber nahezu lautlos durch die Lüfte. Außerdem sieht der Vogel natürlich reichlich verdächtig aus. Sein Kopf ist überproportional breit, seine Augen schlitzförmig, um den breiten Schnabel wachsen Borsten, seine Füße sind auffallend kurz. Seine Federn sehen aus wie Baumrinde, was ihm eine perfekte Tarnung verleiht. Sein Schnurren erinnert an ein entferntes Motorengeräusch und der Ziegenmelker kann stundenlang so ohne Pause vor sich hin brummen. In Deutschland steht der Ziegenmelker auf der Roten Liste der vom Aussterben bedrohten Vögel. Nur etwa 2000 bis 5000 Paare leben noch in der Lüneburger Heide, in der Lausitz oder eben in der Drover Heide. Grund für seinen schweren Stand ist die Zerstörung seines Lebensraums (am liebsten mag er Moore und Heiden) und der Einsatz von Pestiziden in der Landwirtschaft. Im Winter verlässt der Ziegenmelker Deutschland und verbringt einige Monate in Afrika.

hier Gerölle auf und überprüft, ob welche darunter sind, die am heutigen Rheinufer nicht mehr zu finden sind.

Der Weg führt uns weiter über Holzstege durchs Moor. Im Mai blüht der Ginster neben uns wunderbar. Schließlich gelangen wir wieder zur großen Weide, die wir zu Beginn unserer Tour passiert haben. Wir halten uns links und sehen bald auf der rechten Seite den Wanderparkplatz.

Katzensteine

6

Wandern zwischen mystischen Felsen

Wo schon Steinzeitmenschen frühstückten

» Weil ich hier so gut klettern kann. Es ist eine coole Schlucht. Mit Theo macht es noch mehr Spaß, er ist ein guter Kletterhund, der immer auf mich wartet.«

(India, 7 Jahre, mit Theo, 8 Jahre)

» Ich finde es sehr gut, auch die Klettermöglichkeiten und Entdeckungen, die man machen kann, sind sehr toll.«

(Julius, 10 Jahre)

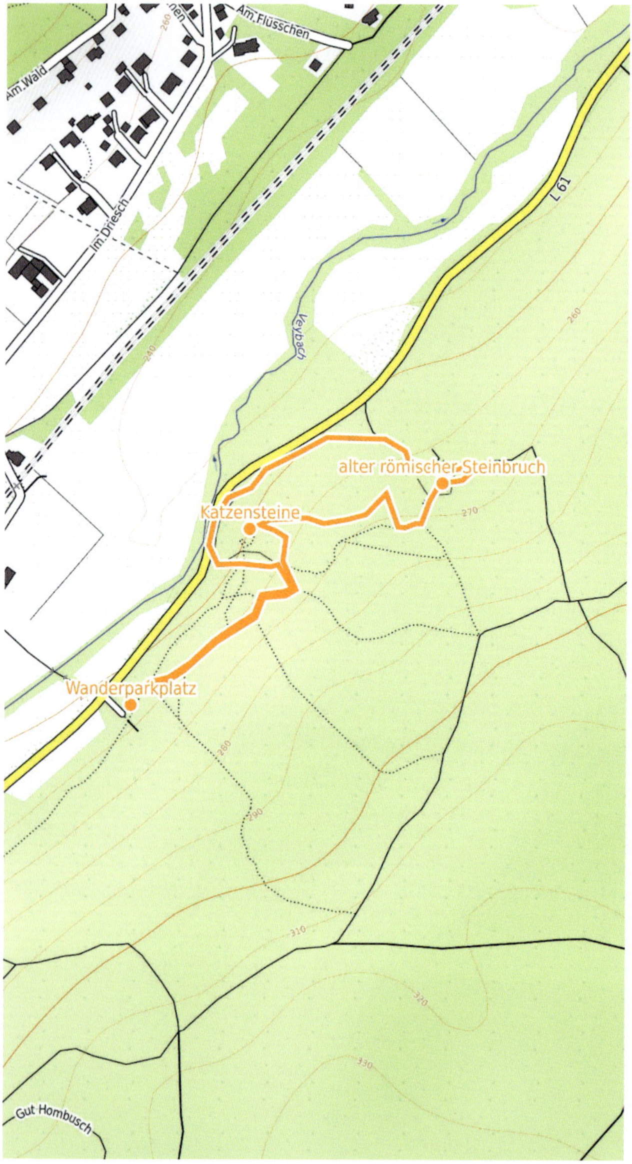
Am Flüsschen
Am Wald
Im Driesch
Veybach
L 61
alter römischer Steinbruch
Katzensteine
Wanderparkplatz
Gut Hombusch
260
240
270
280
290
310
320
330

Geeignet für: Kinder und Eltern, nicht kinderwagengeeignet

Ausgangspunkt: Wanderparkplatz Katzensteine

Streckenlänge: 4 Kilometer, wer eine längere Wanderung machen möchte, folgt vom Parkplatz dem neuen Wanderweg »Eifelschleife – Ab in den Wald« , eine neun Kilometer lange, schöne Wandertour, die teils an der einstigen römischen Wasserleitung entlang läuft und die berühmte Bruder-Klaus-Kapelle passiert. Leider wird zweimal die A1 über- bzw. unterschritten, da ist es dann etwas lauter.
Wanderzeit: ca. 2 Stunden
Höhenmeter Anstieg/Abstieg: 50 Meter
Anforderungen: leicht

KFZ-Navi: An den Katzensteinen 1, 53894 Mechernich, OT Katzvey; 100 Meter von dort auf der Landstraße liegt der ausgeschilderte Wanderparkplatz Katzensteine

Picknickplätze: Picknicken auf den Felsen vor den großen Katzensteinen wie einst die Steinzeitmenschen

Attraktionen mit Eintritt: Burg Satzvey ist ganz in der Nähe, von der Autobahn kommend fahren wir an den Parkplätzen der Burg vorbei, *www.burgsatzvey.de*

Die bizarre Felsengruppe der Katzensteine fasziniert in vielerlei Hinsicht, bietet Fotomotive und geologische Highlights und auch eine wenige Kilometer lange Rundwanderung ist ausgewiesen. Wenn die versteckt gelegenen Felsen plötzlich aus dem Wald auftauchen, meint man sich durchaus in die Steinzeit versetzt. Ausgrabungen aus den siebziger Jahren belegen, dass hier schon damals Menschen lagerten. Im Sommer 2020 wurden hier Szenen für eine Neuverfilmung der Abenteuer des Zauberers Catweazle mit Otto Waalkes in der Hauptrolle gedreht. Der Film kam Ende 2020 ins Kino.

Tourbeschreibung

Schon der Wanderparkplatz liegt versteckt, aber an der Straße steht ein Wegweiser. Eine Infotafel am Parkplatz zeigt das Areal. Wir folgen dem ausgeschilderten Weg und haben das Gefühl, da ist einfach nur Wald. Sonst nichts. Aber auf einmal, nach wenigen hundert Metern, hinter einer Kurve, liegen die massigen roten Buntsandsteinfelsen vor uns. Sie tauchen auf wie aus dem Nichts, besonders mystisch wirken sie morgens, gar im Nebel oder abends, wenn die Sonne untergeht. 1970 und 1971 wurden archäologische Ausgrabungen durchgeführt, die bewiesen, dass schon zum Ende der Altsteinzeit Jäger hier lagerten. Wahrscheinlich dienten diese Felsen für sie nicht nur als Lagerplatz, sondern auch als Wohnort und Kultstätte. Wer dort abends einmal gesessen hat, kann das nachvollziehen. Viel später, im ersten Jahrhundert n.Chr. wurden die Katzensteine mehr als 150 Jahre lang von den Römern als Steinbruch benutzt. Funde zeigen, dass die Jäger dort ihre Waffen und Werkzeuge reparierten und auch neue herstellten. Als Material für Klingen verwendeten sie Feuersteine aus den Flussschottern der Maas und aus der Gegend von Bonn-Muffendorf.

Schauen wir uns die Sandsteinfelsen genauer an, so erkennen wir viele deutliche Schichten, mal sind sie schräg, mal enden sie plötzlich und werden von anderen Schichten abgeschnitten. Ganz überwiegend sind die Sandsteinschichten recht fein, sehen wir genauer hin, sind die unteren Schichten der Katzensteine gröber und die oberen feiner. Geologen interpretieren den unteren Teil der Katzensteine mit Rippeln als Ablagerungen eines verwilderten Flusssystems (Rippeln kennen viele als typische Sedimentablage-

Geologischer Exkurs: Ablagerungsbereich

Geologen versuchen, die Erdoberfläche vergangener Jahrmillionen zu rekonstruieren. Dazu ist es wichtig, das Alter der Gesteine zu bestimmen. Auch müssen sie erkennen, ob die Gesteine durch Vulkanausbrüche entstanden sind oder ob es Sedimente sind, die sich in einem Meer, Fluss oder See abgelagert haben. Sind es Sedimente, ist es wichtig, den Ablagerungsbereich zu rekonstruieren. Haben sich die Sedimente in der Tiefsee abgelagert oder in der Küste? Sind es Sande aus einem Wattenmeer, sind es Dünensande oder Sande aus der Mündung eines Flusses? Sind es Ablagerungen eines Meeres, eines Flusses oder eines Sees? Damit sich dieses eindeutig erkennen lässt, ist es wichtig, heutige, rezente Ablagerungsbereiche zu kennen, denn Geologen gehen vom Prinzip der Aktuogeologie aus. Die gleichen Vorgänge, die sich heute abspielen, spielten sich auch vor Jahrmillionen ab. Ein fossiles Flussdelta sieht aus wie ein heutiges Flussdelta. Das muss der Geologe dann an einer Felsküste oder in einem Steinbruch wiedererkennen.

rungen am Nordseestrand). Im oberen Bereich der Katzensteine mit schönen Schrägschichtungen, wie wir sie auch von Dünensanden kennen, sehen Geologen Flugsande, die der Wind angeweht hat.

Während wir in Nideggen (dorthin führt die Exkursion acht: Eugenienstein) überwiegend auf Konglomerate stoßen, fehlen diese an den Katzensteinen. Und während an den Katzensteinen Ablagerungen eines sandigen Flussdeltas und Flugsanddünen zu finden sind, stoßen wir in Nideggen auf den Schutt des damaligen Ardennenhochlandes, der sich über die westliche Eifel ergoss.

Da beide Ablagerungen in die geologische Formation Buntsandstein gehören, fragen wir uns: Muss der nicht überall gleich aussehen? Nicht unbedingt. Vergleichen wir es doch einfach einmal mit den heutigen norddeutschen Küsten. In vielen Millionen Jahren werden Geologen sagen, diese Küsten seien zeitgleich entstanden. Dennoch werden sich die Ablagerungen der heutigen Nordseeküste von denen der heutigen Ostseeküste unterscheiden. In den Sandsteinen, die im heutigen Nordseebereich entstanden sind, werden die Geologen Wattsedimente finden, darunter werden sandige Bereiche mit Rippelmarken sein, oft werden sie auf großflächige fossile Muschelschille stoßen. Es wird Bereiche aus ehemals schlammigen Sedimenten geben, in denen sich die Wühlspuren von Wattwürmern finden. Paläontologen nennen diese Bioturbationen. Die Bereiche der heutigen Ostseeküste werden hingegen von Konglomeraten geprägt sein. Heute finden wir an der Ostseeküste oft großflächig sehr grobe Geschiebe, das sind die Gesteine, die die eiszeitlichen Gletscher aus Skandinavien mitgebracht haben. Die Ostsee wäscht die Granite, Gneise und Feuersteine

Geologischer Exkurs:

Geologen bezeichnen mit Buntsandstein nicht etwa schön gefärbte Sandsteine, sondern eine erdgeschichtliche Epoche, die untere Trias. Diese Epoche dauerte von vor 251 bis 243 Millionen Jahren vor heute. In dieser Zeit wurden stellenweise viele hundert Meter rötliche Sandsteine und Konglomerate abgelagert. Wissenschaftlich gesehen gilt diese Bezeichnung für Deutschland, für die sogenannte germanische Trias, anderswo auf der Erde wie schon in den Alpen herrschten zur selben Zeit andere Verhältnisse und es bildeten sich andere Sedimente.

Zu Beginn der Trias vor 251 Millionen Jahren lag im Westen der Eifel das Ardennen-Festland. Die Gesteine dieses Festlandes verwitterten und wurden im Osten in der sogenannten Eifeler Nord-Süd-Zone abgelagert, es ist eine Region im Dreieck Mechernich – Kall – Nideggen. Man kann die Ablagerungen als Schuttstrom vom Ardennenfestland bezeichnen, das heißt in diesen acht Millionen Jahren rutschten vom Ardennenfestland gewaltige Schuttmassen auf die heutige Eifel, die damals ein Senkungsgebiet war. Über hundert Meter mächtig wurden die Ablagerungen des Buntsandsteins, gewaltige Konglomerate aus überwiegend bis zu kopfgroßen Quarziten, aber auch zahlreichen Sandsteinen und Gangquarzgeröllen. Gangquarzgerölle haben wir schon auf der Rheinkiesel-Exkursion kennen gelernt. Hydrothermale Lösungen, in denen Quarz gelöst war, drängten sich durch Spalten im Gebirge, kühlten ab, der Quarz fiel aus und verschloss diese Spalten, es bildeten sich weiße Quarzgänge. Aus denen entstanden später die zahlreichen weißen Milchquarzgerölle, die wir am Rheinufer finden. Konglomerate sind Gesteine, die aus mehr

oder weniger großen schön gerundeten Komponenten wie Kieselsteinen bestehen. Die Komponenten sind durch irgendein Bindemittel zu einem neuen Gestein verbacken worden. Die Komponenten der Konglomerate sind gut gerundet, weil sie lange im Wasser hin- und her gerollt worden sind. Nach der Ablagerung dieser Gerölle verfestigte sich durch ein kieseliges, also quarzhaltiges Bindemittel. Quarzgerölle und quarzhaltiges Bindemittel schaffen ein sehr verwitterungsresistentes Gestein, weshalb der Buntsandstein im Rurtal bei Nideggen mehr als 50 Meter hohe, nahezu senkrechte Felsklippen bilden kann.

frei. Wenn sie nicht im Laufe der Zeit von der Ostsee zu Sand zerrieben werden, bleiben diese rundlichen Gesteine liegen, werden wieder in neues Sediment eingehüllt, das sich verfestigen wird. Ein Konglomerat ist entstanden.

Links an den Katzensteinen vorbei führt ein Weg in den alten römischen Steinbruch. Er ist auch markiert und auf der Tafel am Wanderparkplatz eingezeichnet, also leicht zu finden. Wir folgen ihm einige hundert Meter und gelangen in einen alten Steinbruch mit schönen verschiedenfarbigen Sandsteinen. Vermutlich bauten hier bereits die Römer Sandsteine ab und der Steinbruch sah seinerzeit auch anders aus, die Bäume dürften gefehlt haben, er lag offen in der Landschaft. Wiederum links am Steinbruch führt ein Pfad hinauf, wir gehen an der oberen Steinbruchkante entlang, ganz oben erreichen wir ein Plateau, von dem es sich trefflich in den Bruch hinabschauen lässt (Vorsicht: Absturzgefahr) und durch den Wald geht es zurück zu den Katzensteinen.

Geschichte, zu erzählen bei der Rast:

Als Steinzeit bezeichnen wir die Zeit, in denen die frühen Menschen Werkzeuge und Waffen aus Steinen herstellten und verwendeten. Dazu suchten sie nach passenden Gesteinsarten, besonders geeignet waren Feuerstein und Quarzit, von deren Brocken sich scharfe Klingen abspalten ließen. Um das richtige Material zu finden, legten die Steinzeitmenschen oft große Entfernungen zurück. Die Steinzeit begann mit der Altsteinzeit vor 2,6 Millionen Jahren und endete in Mitteleuropa vor etwa 2200 Jahren v.Chr. Wir müssen uns einmal vorstellen, wie denn die Menschen in der Steinzeit lebten. Wahrscheinlich war es nicht wirklich gemütlich. Jeglicher Komfort, den wir heute zu schätzen wissen, fehlte. Kein Strom, kein Licht, keine Heizung, kein Kühlschrank. Wer weiß, wie beunruhigend es war, wenn in der Wohnhöhle, in der sich die Gruppe niedergelassen hatte, urplötzlich ein Höhlenbär oder ein anderes Raubtier auftauchte. Denn auch wenn die Menschen damals Jäger waren, so waren sie zugleich auch Beute der damaligen großen Raubtiere wie Höhlenhyänen, Säbelzahntiger oder Höhlenlöwe.

Mit der Verwendung von Bronze endet die Steinzeit und die Bronzezeit beginnt. Bronze ist eine Legierung aus Kupfer und Zinn, erstmals verwendeten die Menschen zu dieser Zeit damit ein Metall zur Herstellung diverser Gegenstände. Mit Sicherheit waren es wertvolle und teure Gegenstände, die sich nur reiche Leute leisten konnten. Archäologen finden in uralten Gräbern oft Grabbeigaben, Bronzegegenstände liegen nur in den letzten Ruhestätten von Fürsten, Häuptlingen, und anderen wichtigen und wohlhabenden Menschen.

Bürvenich

7

Ein Riss geht durch Europa

Panoramablick auf die absinkende Niederrheinische Bucht

» Wir haben Steine geklopft und ich durfte den Hammer haben. Außerdem hab ich viele Pflaumen gefunden.«

(Nicolas, 3 Jahre)

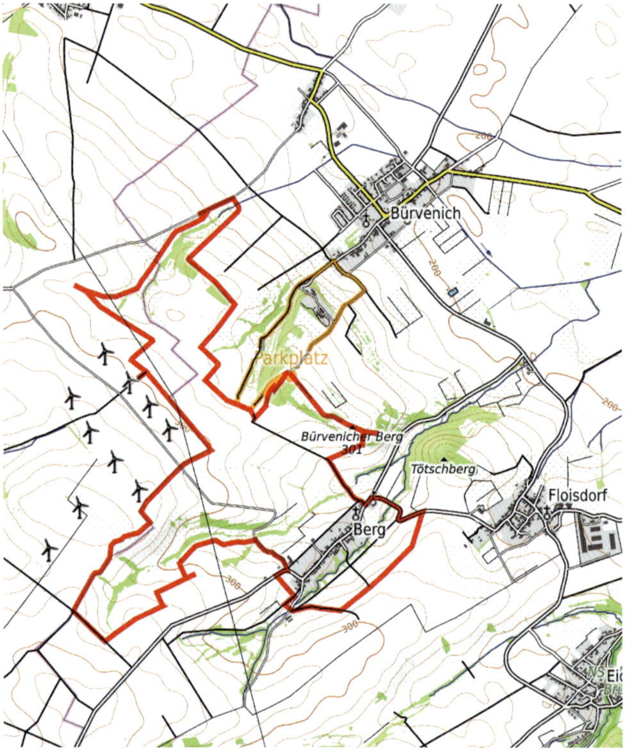

Geeignet für: Alle

Ausgangspunkt: Wanderparkplatz Eifelblick Bürvenich

Streckenlänge:

Kurze Tour: 3,1 Kilometer; lange Tour: 14 Kilometer

Wanderzeit: kurze Tour 2 Stunden; lange Tour: 4–5 Stunden

Höhenmeter Anstieg/Abstieg:

Kurze Tour: 80 Meter; lange Tour: 310 Meter

Anforderungen: leicht

ÖPNV: komplizierte Anfahrt, am ehesten mit der Buslinie 811
KFZ-Navi: A1 bis Erftstadt, B265 bis Zülpich-Langendorf, dort am Ortsende links ab nach Bürvenich, durch den Ort mit der Stephanusstraße (Kirche) bis Waldstraße, links abbiegen, am Bildstock rechts den Berg hinauf (Wegweiser) bis Parkplatz »Geologischer Wanderpfad«

Einkehr: Restaurants im Ort Bürvenich
Picknickplätze: Am besten schmeckt das Butterbrot nach der Tour auf dem Wanderparkplatz mit grandioser Aussicht über die Rheinische Bucht bis hin zum Siebengebirge. Zwischendurch bieten sich aber auch einige Bänke an, zum Beispiel nach dem Bierkeller am Waldausgang.

Attraktionen mit Eintritt: Wer sich für die Römer interessiert, findet in den »Römerthermen – Museum der Badekultur« eine Anlaufstelle, die sich lohnt. Aber auch der Seepark auf dem Gelände der Landesgartenschau 2014 lädt zu einem Abstecher ein. Dort befindet sich mit dem Seilrutschenpark »Flying Fox« eine Attraktion für Mutige.

Empfohlene Ausrüstung: Hammer zum Steineklopfen

Was man sammeln und entdecken kann: Wunderbar ist die Tour im August und September, wenn an den Wegesrändern große Mengen an Schlehen, Hagebutten, Holunder, Brombeeren und Zwetschgen wachsen. Die Älteren unter uns wissen noch, dass man die Kerne einer Hagebutte anderen von hinten in den Pullover steckte. Die Wirkung war durchaus unangenehm, denn Hagebuttenkerne dienen als Juckpulver. Probiert es mal, es hört ja irgendwann wieder auf zu jucken.

Wer Lust auf einen atemberaubenden Blick über das Rheinland hat, sollte sich schleunigst auf nach Bürvenich machen! Von hier oben lässt sich das Absinken der Niederrheinischen Bucht so gut erkennen wie wohl an keinem anderen Ort. Schöner und weiter kann ein Ausblick kaum sein. Bei guter Sicht können Menschen mit guten Augen am Horizont die Gipfel des 45 Kilometer Luftlinie entfernten Siebengebirges emporragen sehen. Auf einem gemütlichen Rundweg lernen wir die Erdgeschichte der Trias kennen, deren Sedimente vor 200 Millionen Jahren auf den alten Devongesteinen der Eifel abgelagert wurden.

Tourbeschreibung

Neben dem Parkplatz entdecken wir gleich nach der Ankunft die Sitzbänke des Eifelblicks, da wissen wir direkt, wo wir nach der Runde eine längere Pause machen und den Ausblick genießen werden.

Rechts neben dem Parkplatz folgen wir aber zunächst dem Wegweiser »Geowanderweg« auf dem asphaltierten Fahrweg hangabwärts. Rechts und links von uns ragen Buchen in den Himmel. Nach dem Wald gelangen wir an offene Wiesen, wir blicken auf eine Galerie großer Windräder und folgen dem Fahrweg nach rechts, um kurz darauf hinter den Schlehen- und Hagebuttenhecken wiederum nach rechts abzubiegen. Hier beginnt nun der Geowanderpfad Bürvenich, dessen Beschilderung mit Mitteln der Europäischen Union gefördert wurde. Zugegeben, die Aufschlüsse (das sind die Stellen in der Erde, an denen das Gestein hervorschaut) sind nicht sensationell. Trotzdem lohnt sich der Rundweg, sind die Beispielorte doch mit erklärenden Tafeln versehen. Wer sie liest und überdies mit diesem Buch ausgestattet ist, kann eine Menge über die Erdgeschichte der Trias erfahren. Natürlich nehmen wir einen Hammer mit, um in den Felsen herum zu hämmern und zu schauen, ob wir das auf den Tafeln Beschriebene auch finden. Zum Teil müssen wir zu den Felsen steil den Hang nach oben

Geologischer Exkurs: Warum sinkt die Niederrheinische Bucht nach unten?

Längs durch Europa zieht sich ein Riss. Bei Marseille beginnt diese Furche, wir erkennen sie im Rhonegraben, ebenso im Oberrheingraben, im Mittelrheintal, dem Neuwieder Becken, der Niederrheinischen Bucht. Verfolgen wir den Riss, führt er uns weiter bis ins Nordmeer. Europa droht an dieser Nahtstelle zu zerreißen, ebenso wie Ostafrika. Geologen sprechen von einem Riftsystem, die Erdkruste driftet hier auseinander, ein neuer Ozean kann entstehen.

Allerdings – wir sind nicht in Gefahr – es dauert noch Millionen Jahre, bis Wasser einströmen könnte. Trotzdem spüren wir an den regelmäßigen Erdbeben in der Region, dass wir hier auf den Bruchzonen in der Erdkruste stehen, an denen das Rheinische Schiefergebirge eingerissen ist. Einen beson-

klettern, für Kinder und Eltern heißt das unterschiedliches: Kinder werden die Tour als extrem kurzweilig erleben, Eltern werden anschließend eine ganze Maschine dreckiger Jacken und Hosen zu waschen haben. Alles in allem ist der Weg einfach reizvoll und wir bekommen einen spannenden Einblick in die Erdgeschichte der Eifel.

Erst laufen wir ein Stück an Obstbäumen entlang und während wir uns noch wundern, wann denn die erste Infotafel am Wegesrand versteckt ist, entdecken wir die erste. Und dann stolpern wir in schneller Folge über weitere erders schwerwiegenden Beweis erlebten die Einwohner von Roermond 1992. Damals erschütterte ein Erdbeben der Stärke 5,9 die Gegend. Tatsächlich liegt die gefährlichste Erdbebenzone Deutschlands in der Niederrheinischen Bucht und im Oberrheingraben. Seit der Oberkreide vor etwa 80 Millionen Jahren hebt sich das Rheinische Schiefergebirge an, während die Niederrheinische Bucht nach unten sinkt. Im Tertiär und Quartär lagerten sich in der Niederrheinischen Bucht mehr als 1500 Meter mächtige Sedimente ab. Einst drang die Nordsee vor bis Bonn, an ihren Ufern entstanden im Erdzeitalter Miozän vor 30 Millionen Jahren riesige Sümpfe, aus denen die rheinischen Braunkohlelagerstätten entstanden. Darüber lagerte der Rhein in der jüngsten Erdgeschichte Sande und Kiese ab, die heute ein wichtiges Rohstoffvorkommen darstellen. Vor 800.000 Jahren wölbte sich das Rheinische Schiefergebirge noch weiter nach oben, die Senkung der Niederrheinischen Bucht erscheint im Vergleich dazu noch extremer.

klärende Tafeln. An den einzelnen Stationen werden uns die verschiedenen erdgeschichtlichen Abschnitte des Erdzeitalters Trias vorgestellt. Die Tour beginnt mit dem Buntsandstein, später folgt der Muschelkalk.

Gehen wir dazu ein Stück zurück in die Erdgeschichte. Wie in der Einleitung dargestellt, verwitterte im ausgehenden Karbon das variszische Gebirge, übrig blieb sein Rumpf, die Basis des heutigen Rheinischen Schiefergebirges. Im Erdzeitalter Trias senkte sich das Gebiet der heutigen Eifel, es lag dann deutlich tiefer als das hiervon westlich gelegene Ardennenhochland. Vom Ardennenhochland ergoss sich ein Schuttstrom über die heutige Eifel. Verwitterungsprodukte wie große rundliche Brocken und auch grobe und feine Sande, rutschten von hier oben langsam auf das Eifelgebiet. Wenn wir uns das vorstellen, sollten wir immer auch im Kopf haben, dass für all das Jahrmillionen zur Verfügung standen und dass der »Schuttstrom« deshalb keineswegs mit einem schnellfließenden Fluss zu vergleichen ist. Diese festländischen Ablagerungen, die sich in überwiegend trockenen, wüstenartigem Klima bildeten, sind Spuren der erdgeschichtlichen Formation Buntsandstein, die wir auf unseren Exkursionen zu den Katzensteinen, zum Mechernicher Bleierzbergbau und zum Eugenienstein bei Nideggen kennen lernen. Ein paar Millionen Jahre später drang von Norden her das Meer in die Eifler Meeresstraße vor und hinterließ marine Ablagerungen wie Kalke und Dolomite.

Typisch für ein austrocknendes Meeresbecken ist die Anreicherung von Salz wie in einer Saline am Mittelmeer. Es bilden sich würfelförmige Salzkristalle. Dies geschah auch an den Gesteinen, wie es an Tafel 3 beschrieben wird. Salzkristalle wuchsen, wurden von Schlamm eingehüllt, der

Geschichte, zu erzählen bei der Rast: Der heilige Aldernikus

Einst lebte in der Gegend ein Sohn des französischen Königs. Nachdem der Heilige Geist ihm auf einer Pilgerreise nach Köln erschienen war, verrichtete er niedrigste Dienste und arbeitete unter anderem als Schweinehirt in Füssenich. Der Überlieferung zu Folge war er demütig, frömmig und erfüllte stets seine Pflicht. Als der junge Mann einmal von Fieber gepeinigt nach Wasser lechzte, soll er einen Hirtenstab in die Erde gestoßen haben, woraufhin eine kleine Quelle entsprang – ein Wunder, an das heute eine Kapelle unter einer großen Rosskastanie in Füssenich erinnert. Bis heute kommen Menschen zu dieser Quelle, um aus ihr Wasser zu schöpfen, von dem Gläubige denken, es würde Augenleiden heilen. Dem heiligen Aldernikus, der etwa 20-Jährig Anfang des 13. Jahrhunderts gestorben sein soll, kann man bei dieser Gelegenheit auch einen Besuch abstatten. Seine Gebeine lagern in einem kunstvollen Holzschrein aus dem Jahr 1744, der in einem Sarkophag aus schwarzem Marmor im Mittelgang der Füssenicher Kirche beigesetzt ist.

sich verfestigte, wieder eindringendes Wasser löste das Salz und in die Hohlräume der einstigen Salzkristalle wurde jetzt erneut feiner Schlamm gespült. Man kann sich das ein bisschen so vorstellen wie beim Kuchenbacken mit Sandförmchen im Sandkasten. Es entstanden – wie in den Backförmchen – Ausgüsse der ehemaligen, würfelförmigen Salzkristalle, nach denen wir hier im Gestein suchen können.

An weiteren Tafeln werden Fossilien beschrieben, die typisch für den Muschelkalk sind, die sich hier aber nicht finden lassen. Oder doch? Wir empfehlen, ein bisschen länger zu suchen, wer weiß, was sich im Gestein verbirgt. Unser Foto zeigt typische Muschelkalkfossilen: eine Seelilienkrone und Seelilienstilglieder, die abgebildeten Fossilien stammen allerdings aus dem Muschelkalk von Neidenfels bei Crailsheim in Baden-Württemberg.

An anderer Stelle am Wegesrand entdecken wir im Gestein kleine Drusen, das sind Hohlräume, in denen funkelnde

Kristalle wachsen. Solche Hohlräume entstehen durch Lösung des Kalkes, das Kalziumkarbonat kristallisiert in den Löchern wieder aus.

Am Ortseingang riskieren wir noch einen Blick in den tiefen, dunklen Bierkeller rechts des Weges. Anschließend passieren wir das Kinderheim des Kreises Düren von der Lebenshilfe. Nach vielen Umbauten ist ein Heilpädagogisches Eingliederungszentrum entstanden, in dem geistig behinderte Menschen mit vielfältigen Fördermöglichkeiten therapiert werden.

Wieder am Ortsrand angekommen biegen wir direkt hinter der ersten Hausecke nach rechts ab, auf der wenig befahrenen Straße spazieren wir ein Stück durch den Ort und biegen am Bildstock rechts auf einen Fahrweg ab, der immer geradeaus wieder zum Parkplatz führt. Auf diesem etwa einen Kilometer langen Weg genießen wir immer wieder den weiten Blick über die Niederrheinische Bucht.

Auf dem Felsen des Königs der Löwen

Dramatisch und wunderschön ragt der Eugenienstein hoch über dem Rurtal in den Himmel

» Die Aussicht ist der Wahnsinn. Von da oben sieht es aus, als hätte jemand die Erde da hinten einfach durchgeschnitten.«

(Tim, 9 Jahre)

» Alter Verwalter, die Hinkelsteine sind ja krass! Super auch, dass wir eine richtige Blindschleiche gesehen haben. Ich habe erst gedacht: Was liegt denn da für ein Haken – und dann bewegt sich das wie eine richtige kleine Schlange. Toll.«

(Fred, 9 Jahre)

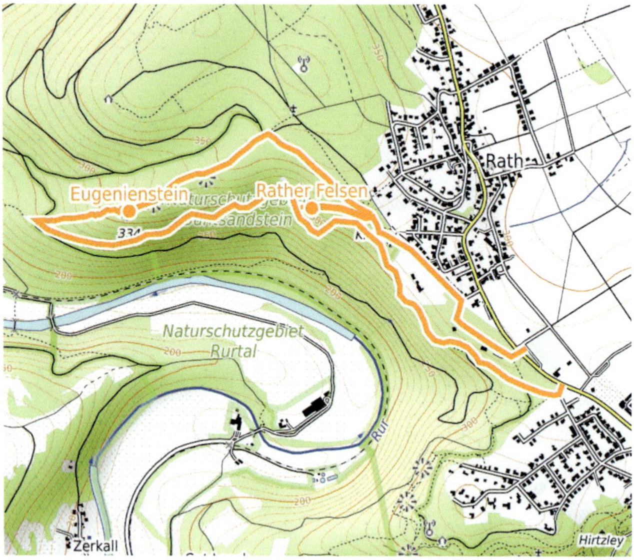

Geeignet für: Kinder ab fünf Jahren, keine Kinderwagenstrecke, es gibt eine ziemlich steile Stelle. **Und Vorsicht:** Auf dem Eugenienstein können Kleinkinder in die Tiefe stürzen, wenn sie unbeaufsichtigt klettern. Deshalb sollten nur Kinder mitkommen, die man unter Kontrolle bringen kann.

Ausgangspunkt: Nideggen nach Norden verlassen in Richtung Rath, am Ortsausgang von Nideggen am Sportplatz parken.

Streckenlänge: 8 Kilometer
Wanderzeit: 2 Stunden
Höhenmeter Anstieg/Abstieg: 250 Meter
Anforderungen: erfordert etwas Kondition

ÖPNV: Buslinie 221, Haltestelle Felsenrundgang
KFZ-Navi: Rather Straße 79, 52385 Nideggen

Picknickplätze: Unbedingt rasten sollte man auf dem Eugenienstein selbst. Man erreicht ihn nach etwas mehr als der Hälfte der Tour nach einem ziemlich steilen Anstieg. Danach schmeckt das Picknick besonders gut. Auf dem Felsen selbst, der majestätisch über das Rurtal ragt, hat man einen atemberaubenden Blick über die Umgebung. Besonders in der Abendsonne leuchtet der Felsen rot. Einige Felsen bieten sich auch zum Klettern an. Auf kleine Kinder sollte man aber sehr gut aufpassen, damit sie nicht zu nah an den Abgrund geraten. Ein Stück weiter stehen auch noch zwei Bänke, die ebenfalls für eine Rast geeignet sind.

Attraktionen mit Eintritt: Burg Nideggen. Die Höhenburg war im Besitz der mächtigen Grafen und Herzöge von Jülich und besaß im Mittelalter den Ruf, uneinnehmbar zu sein. Im Burgmuseum erfährt der Besucher einiges über das Leben auf der Burg, aber auch über die Geschichte des Herzogtums Jülich. Erwachsene zahlen 3,50 Euro Eintritt, Kinder ab sechs Jahren 1,50 Euro.

Empfohlene Ausrüstung: Gutes Schuhwerk, ein Fernglas, um vom Eugenienstein die Umgebung noch besser erkunden zu können. Abends eine Taschenlampe mitnehmen. Denn das ist unser besonderer Tipp: Der Sonnenuntergang ist auf dem Eugenienstein ein unvergessliches Naturschauspiel, der Rückweg über den oberen Weg ist auch in der Dämmerung mit Taschenlampen leicht zu finden (vorsichtshalber den GPS-Track im Smartphone mitnehmen).

Es ist schon ziemlich lange her, nämlich etwa 500 000 Jahre, dass sich die Rur tief in das devonische Eifelgebirge eingegraben hat. Insbesondere bei Nideggen ragen die steilen Buntsandsteinklippen spektakulär vom Fluss nahezu senkrecht in den Himmel und bieten einmalige Ausblicke über die Rureifel. Vor allem Eisenoxid sorgt für die teilweise sehr intensive Rotfärbung der Buntsandsteine – ein in Deutschland in dieser Intensität seltenes Naturschauspiel.

Tourbeschreibung

Vom Sportparkplatz überqueren wir die Straße, laufen am Waldrand links und biegen rechts in den Wald ein. Wir schlagen den rechten Weg ein und folgen dem Wegweiser »Rettungsweg Kletterfelsen«. Der schattige Pfad führt durch einen idyllischen, kühlen Eichen- und Buchenwald entlang der Wanderrouten 03, 07 und 27. Über den Weg ragen zum Teil mächtige Bundsandsteinfelsen, die sich für Geübte auch zum Klettern eignen. Links und rechts des Weges passieren wir Hochsitze von Jägern und eine Wasserstelle, an der man sich erfrischen kann. Wir folgen dem

Geschichte, zu erzählen bei der Rast: Von Blindschleiche bis Uhu

Auf der Tour lassen sich einige besondere Tiere entdecken. Blindschleichen und andere Eidechsen zum Beispiel. Aber vor allem in der Luft hat die Fauna hier eine Besonderheit zu bieten. Die steil aufragenden Felsen sind nämlich ein gutes Brutgebiet für die größte Eule Europas: den Uhu. Wenn man Glück hat, hört man das »buho« des Königs der Nacht oder sieht sogar einen der imposanten Vögel, die sich mit einer Flügelspannweite von gut eineinhalb Metern so breit machen können wie ein Fünftklässler hoch ist. Vor etwa fünfzig Jahren galt der Raubvogel mit den auffälligen Federohren und den orangefarbenen Augen in weiten Teilen Mitteleuropas als ausgerottet, 1975 sorgte aber ein Wiederansiedlungsprojekt dafür, dass heute wieder knapp 200 Uhu-Paare in der Eifel leben. Im Frühling legen die Uhus, die ihren Partnern lebenslang treu sind, ihre Eier in ihre Nistplätze an den Buntsandsteinfelsen. Spätestens im August werden die Uhukinder flügge. Dann sollten Wanderer sie keinesfalls stören und nicht zu laut sein. Sonst besteht die Gefahr, dass die Eltern aus Angst ihre Nester verlassen.

Geschichte, zu erzählen bei der Rast: Der ruchlose Wilhelm

Auf der Burg Nideggen lebte einst der brutale Graf Wilhelm. Er war so böse, dass er viele Jahre lang einen Bischof aus Köln in seinem Verließ gefangen hielt. Auch seine Gemahlin Alveradis, die gutherzig und hilfsbereit gewesen sein soll, ließ er im Zorn mit Honig bestreichen und in einen Käfig sperren. Sie sollte von Wespen gestochen werden. Nachdem der böse Wilhelm hernach Richtung Köln geritten war, um sich dort zu amüsieren, strömten allerdings viele Frauen aus der Umgebung herbei, um die Burgherrin aus ihrer schlimmen Lage zu befreien. Als der Graf sich schließlich gegen Mitternacht wieder dem Schloss näherte, scheute sein Pferd und stürzte seinen Reiter zu Tode. Die Befreierinnen der Gräfin Alveradis hingegen erhielten zum Dank den Wald Mausauel auf ewige Zeit und so dürfen auch heute die Bewohner von Nideggen noch sein Holz nutzen.

Weg Richtung Obermaubach. Langsam gelangen wir wieder ein wenig aus der Talsenke heraus, der Wald wird weniger schattig, bis der Pfad schließlich eine scharfe Kehre macht. Gleich danach schlagen wir den Weg nach rechts Richtung Eugenienstein ein. Nun folgt der etwa 300 Meter kurze, aber steile Aufstieg hinauf zum Aussichtsfelsen.

Von dort oben geht es nach einer Rast einfach weiter am Panoramaweg entlang. Wir folgen später dem Weg Richtung Kickley wieder zurück durch den Wald. Irgendwann

übersehen wir hoffentlich nicht den kleinen Wegweiser zum »Rather Felsen«. Ein schmaler Pfad führt dorthin, es geht hangabwärts und man muss auch wieder zurück bergauf, aber wer noch Kondition har, sollte sich diesen ebenfalls schönen Aussichtspunkt nicht entgehen lassen und dort vielleicht noch eine kleine Pause einlegen. Am Ende des Weges biegen wir in den Kickleyweg ein, der uns wieder zur Straße führt. Wir gehen nach dem Wald rechts und laufen die letzten Meter an der Straße zurück zum Parkplatz.

Geologischer Exkurs: Buntsandstein

Die mächtigen roten Felsen über der Rur, zu denen auch der Eugenienstein gehört, sind Zeugen einer ausgedehnten Wüste, die sich vor mehr als 230 Millionen Jahren über einen großen Teil Mitteleuropas erstreckte. Würden wir in eine Zeitmaschine steigen, die uns zurück in die Buntsandsteinzeit brächte, säßen wir in einer gebirgigen Wüste mit Schutt und meist trockenen Flussbetten. Möglicherweise würde uns ein starker Sturm den Sand ins Gesicht wehen. Es würde selten regnen, wenn dann aber sturzbachartig. Der Regen würde rot gefärbten Sand und Steine in die weitverzweigten Flüsse spülen. Die Ablagerungen des Flussschlamms zusammen mit den Sanddünen der Wüsten bilden heute den roten Buntsandstein. Und warum ist der Buntsandstein rot? Das liegt am Eisenoxid, das im heißen Wüstenklima als dünner Film die Sandkörner einhüllte.

Staubecken Heimbach – Wasserkraftwerk

9

Zwischen See und Schieferfelsen

Eine idyllische Tour am Ufer entlang mit Stationen zur Technikgeschichte

»Ich habe Eicheln und kleine Äpfel gesammelt und damit die Fische und die Enten und die Kühe gefüttert. Wir haben eine riesige Forelle gesehen. Die war so groß wie ein Hai.«

(Nicolas, 3 Jahre)

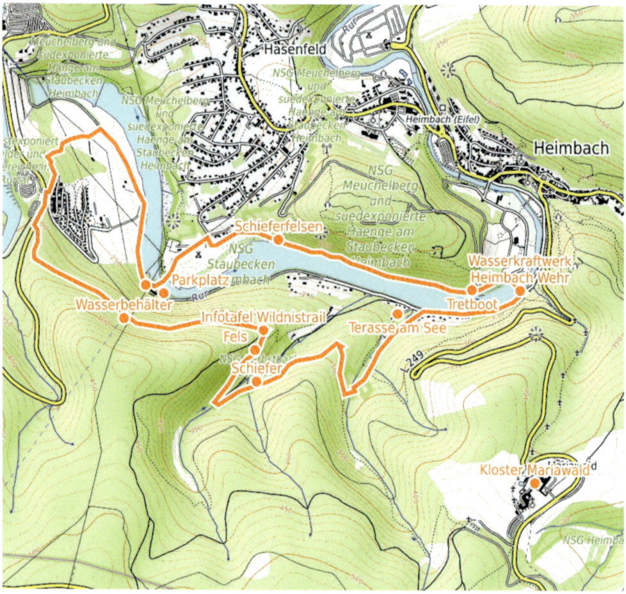

Geeignet für: Kinder, Großeltern, geländegängige Kinderwagen

Ausgangspunkt: Wanderparkplatz am RWE Kraftwerk Heimbach

Streckenlänge: ca. 8 Kilometer
Wanderzeit: ca. 4 Stunden
Höhenmeter Anstieg/Abstieg: 220 Meter
Anforderungen: mittelschwer

ÖPNV: Bahnhof Heimbach, dann 15 Minuten zu Fuß zur Stauanlage Heimbach und die Tour dort beginnen
KFZ-Navi: Kraftwerk Heimbach, 52396 Heimbach

Einkehr: Nach der Tour im Restaurant am Campingplatz gegenüber des Kraftwerks. Unterwegs im Biergarten am Tretbootverleih oder am gegenüberliegenden Ufer in der »Terrasse am See« *(Am Schmalscheid 4, www.terrasse-am-see.de)* einkehren. Picknickplätze: Sehr schön sitzt es sich auf der Bank am historischen Stauwehr mit bestem Blick auf die Anlage. Ein schöner Platz für die Rast befindet sich aber auch an der Infotafel, kurz bevor wir den Wildnistrail verlassen.

Attraktionen mit Eintritt: Das Kraftwerk ging im Jahre 1905 in Betrieb und war seinerzeit mit einer Leistung von 12000 kW das größte Speicherkraftwerk Europas. Über einen 2700 Meter langen Stollen mit einem Gefälle von 110 Metern wird es von der Urfttalsperre gespeist. Eine Wassermenge von 16 Kubikmeter pro Sekunde durchströmte die acht Turbinen, von denen jede einen Generator antrieb. Im Jahre 1974 wurde das Kraftwerk modernisiert. Heute werden von hier jährlich 25 Millionen Kilowattstunden in das Verbundnetz des RWE eingespeist. Das von außen eher an einen Sakralbau erinnernde Kraftwerk steht heute unter Denkmalschutz und kann nach Voranmeldung besichtigt werden.

Was man sammeln und entdecken kann: Seine Augen aufhalten sollte man auf jeden Fall auf der Suche nach Fossilien auf dem Weg zum Kermeter hoch. Im Herbst kann man auf der Strecke alles sammeln, was das Botanikerherz begehrt: Vor allem Eicheln fallen hier in Massen von den Bäumen am Ufer. Wer ein bisschen Glück hat, entdeckt vielleicht sogar ein Reh im Wald. Wir durchwandern nämlich auch deren »Kinderstube«, also einen Landstrich, in dem Rehkitze aufwachsen. Hunde deshalb bitte im Wald unbedingt anleinen!

Start und Ziel ist das schönste Jugendstilkraftwerk Deutschlands. Direkt am Ufer wandern wir an bizarren Felsen vorbei zu einem historischen, technisch faszinierenden Stauwehr. An den Hängen des Berges Kermeter folgen wir ein Stück dem Wildnistrail durch den Nationalpark Eifel und steigen anschließend wieder hinab zum Staubecken Heimbach vor dem Rurstausee.

Tourbeschreibung

Wer am Kraftwerk sein Auto abgestellt hat, überquert die Brücke und folgt hinter dem Campingplatz und dem Restaurant »Rübezahlklause« dem Wegweiser Richtung Heimbach. Von dort gelangen wir auf den Uferwanderweg. Ein ausgesprochen reizvoller Weg startet hier, immer di-

rekt am Ufer des Staubeckens entlang, links thronen mächtige Felswände aus devonischem Sandstein, nicht immer ist Platz genug selbst für diesen kleinen Pfad. Dann führt der Weg über Holzstege. Die einst waagerecht liegenden Sand- und Schiefersteinschichten haben gewaltige Kräfte im Erdinneren über die Jahrmillionen zu steilen Falten aufgestellt.

Nach einiger Zeit gelangen wir zu einem Tretbootverleih. Hier gibt es Bockwurst, Frikadellen, Eis und Getränke. Wer mag, kann die Tour aber auch für einen kleinen Bootsausflug mit Tretboot oder Kanu unterbrechen. Wer weiter am Fluss entlangwandert, erreicht bald das Stauwehr und damit schon wieder ein Stück Technikgeschichte. Das Wehr hat ein eigenes Wasserkraftwerk mit einer Leistung von 775 Kilowatt. Durch eine sogenannte Fischbauchklappe,

Geologischer Exkurs: Tektonik und Faltung

Sandsteinschichten, die deutlich schräg, manchmal gar steil in die Landschaft ragen, sind das Ergebnis einer Gebirgsbildung im Unterkarbon vor 350 Millionen Jahren. Die ursprünglich waagerecht liegenden Sedimentschichten wurden verfaltet, weil der afrikanische Kontinent langsam aber stetig nach Norden driftete und dabei die Sedimente in der Paläothethys (dem Urmittelmeer) zusammen schob. In der Einleitung haben wir gelesen, dass diese Sedimentschichten eine Dicke von bis zu zehntausend Metern erreichten, durch den immensen auflagernden Druck waren sie bereits zu Sandsteinen verfestigt. Und dennoch konnten sie verbogen und zu großen Falten mit vielen Kilometern Schenkellängen verbogen werden. Wie kann das gehen, es handelte sich doch um sehr harte und mächtige Sandsteinbänke? Die Erklärung: Tiefer in der Erde bei hohem Druck und hoher Temperatur beginnen Gesteinsschichten, sich plastisch dauerhaft zu verformen. Das lässt

sich schön an einem Schokoladenriegel nachvollziehen. Kommt er kalt und hart aus dem Kühlschrank, bricht er, wollen wir ihn biegen. Hatten wir ihn aber auf der Fensterbank über der Heizung vergessen, lässt er sich problemlos verformen – genauso ergeht es auch einem dicken Sandsteinpaket. Stark abhängig vom Gestein und anderen Faktoren wird für die Erdkruste ein geothermischer Gradient von durchschnittlich 3K/100m angegeben, d.h. alle 33 Meter wird es um ein Kelvin wärmer. Natürlich unterscheiden sich diese Werte in alten Graniten und an jungen Vulkanen deutlich. Solche Falten der Erdkruste können klein sein, vielleicht ragen sie nur einige Meter oder einige Dutzend Meter empor, dann können wir sie deutlich vor uns sehen, sie können aber auch kilometerlang sein. In diesem Fall können wir sie im Gelände nur sehr selten erkennen, der Geologe misst dann mit seinem Geologenkompass die Lage der Erdschichten im Gelände und den Winkel, mit dem sie in die Erde abtauchen (man nennt das Streichen und Fallen) und kann daraus diese großen Erdfalten rekonstruieren und in geologischen Profilen darstellen.

Geschichte, zu erzählen bei der Rast:

An der St.-Michael-Kapelle im Heimbacher Ortsteil Vlatten soll es der Sage nach einst in einer Gewitternacht zu einem heftigen Kampf zwischen dem Erzengel Michael und dem Teufel gekommen sein. Der Teufel wollte den Bau der Kapelle verhindern, wurde vom Erzengel aber mittels Flammenschwert vertrieben. Zu sehen ist die Legende der Michaelskappelle auch in einem Fensterbild im Inneren. Auf der Flucht hinterließ der Satan als Mahnung aber angeblich auf einem Sandsteinklotz im Feld einen Hufabdruck. Man nennt dieses Relikt heute »Düwelstratsch«. Natürlich liegt der Vorfall derart lange zurück, dass der Abdruck heute nicht mehr erkennbar ist. Aber vorstellen kann man sich es ja.

also eine Art Scharnier, das man einer Bodenklappe gleich hin und her bewegen kann, ist es hier möglich, den Wasserstand sehr genau anzupassen, so dass der See quasi immer einen konstanten Wasserspiegel aufweist.

Wir überqueren das Stauwehr, gehen auf dem asphaltierten Weg nach rechts, bis die kleine Straße »Herbstbachtal« nach links hangaufwärts führt. Dem Weg folgen wir immer weiter. Es lohnt sich, auch mal zu den eigenen Füßen zu gucken. Denn im Wald können wir auf dem Boden immer wieder versteinerte Korallen aus dem Erdzeitalter Mitteldevon finden. Diese Gesteine gehören hier nicht hin, sie sind zur Wegbefestigung angeschüttet worden, dennoch sollten wir auf tierische oder pflanzliche Abdrücke achten und Fossilien suchen.

Wir folgen immer weiter den Wegweisern Richtung »Staudamm Schwammenauel«.

An der nächsten Weggabelung halten wir uns links, bleiben weiterhin auf dem Wildnistrail. Wer nach rechts abbiegen würde, folgt dem Wegweiser »Honigverkauf – Terrasse am See«. Wenn kein Laub an den Bäume ist, sehen wir nach kurzem rechts unten im Tal das Haus mit Terrasse und Honig. Aber wir wollen ja keinen Honig essen, sondern wandern und deshalb folgen wir dem Weg oben links und sehen von nun an links am Wegrand immer wieder große Aufschlüsse devonischen Schiefers, grau-braune Felsen, die hier sehr dekorativ mit Moos bewachsen sind.

Eine ganze Weile spazieren wir den Weg entlang durch den Wald, durchqueren ein kleines Tal, es geht wieder hangaufwärts, in der Kurve begrenzen glatte blanke Sandsteinfelsen den Weg.

An einem kleinen Platz, an dem sich mehrere Wanderwege treffen, stoßen wir auf eine große Infotafel zum Nationalpark Eifel, dort verlassen wir den Wildnistrail in Richtung Stausee Schwammenauel. Wir folgen dem Weg, passieren ein Wasserhäuschen links, eine Quellfassung. Manchmal erlauben die leider abgestorbenen Fichten einen Blick ins Tal auf das Staubecken von Heimbach, meist aber wandern wir durch einen schönen hohen Wald.

An der Straße angekommen, sehen wir direkt vor uns den Rurstausee, biegen aber nach rechts hangabwärts ab und gehen nach hundert Metern rechts in die Anliegerstraße. Sie führt zu einem Dorf aus der Retorte, einem reihenhausartigen Ferienhauspark, der in dieser Gegend etwas deplat-

ziert wirkt. Hangabwärts, unter der Schranke durch, folgen wir dem Weg und schlagen in der Kurve dahinter neben dem Felsen in den markierten Wanderweg 59 ein, dem wir immer hangabwärts folgen, bis wir zwischen Kuhweiden angekommen sind. Dort freuen sich besonders kleine Kinder, die wuschelig befellten Rinder ansehen zu können. Der Weg führt durch die Kuhweiden, links blicken wir auf die mächtige Staumauer des Rurstausees. Am Wasser angekommen – es ist das kleine, historische Staubecken Heimbach vor der großen Rurtalsperre – halten wir uns rechts und gehen auf dem asphaltierten Weg, bis wir wieder am Parkplatz vor dem Kraftwerk stehen.

Schlangenberg, Breinig und Blausteinbrüche

10

Von der Industriebrache zum Naturidyll

Märchenhaft ist der Weg über den Schlangenberg, durch Breinig und ins Münsterländchen

» Ich durfte mit dem Hammer Steine klopfen. Und wir haben schöne Blumen gesehen. Aber keine Schlangen.«

(Nicolas, 3 Jahre)

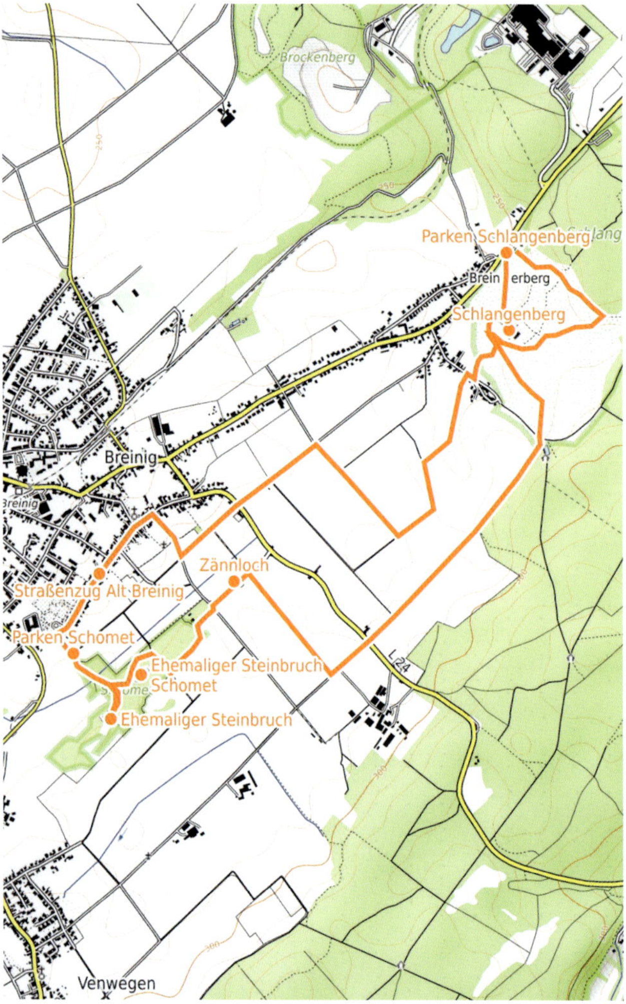

Geeignet für: Alle. Mit einem Kinderwagen wird es beschwerlich im Wald, aber unmöglich ist es nicht.

Ausgangspunkt: Wanderparkplatz am Schlangenberg

Streckenlänge: 9 Kilometer
Wanderzeit: 3–4 Stunden
Höhenmeter Anstieg/Abstieg: 110 Meter
Anforderungen: leicht

ÖPNV: mehrere Buslinien halten an den Bushaltestellen Breinigerberg und Alt-Breinig, von dort zu Fuß zum Schomet
KFZ-Navi: Breiniger Berg, 52223 Stolberg – kleiner Wanderparkplatz am Eingang zum NSG Schlangenberg

Buttergasse, 52223 Stollberg – Parkmöglichkeit an der Einfahrt zum NSG Schomet

Einkehr: diverse in Breinig
Picknickplätze: Wann Zeit für eine Rast ist, merkt man auf dieser Tour schnell: Besonders schön ist es auf dem Gipfel des Schlangenberges und mitten in den urigen alten Steinbrüchen des Schomet schmeckt das Käsebrot auch besonders gut.

Empfohlene Ausrüstung: Fotoapparat zum Festhalten der schönen Steinhäuser in Breinig und der seltenen Galmei-Vegetation

Was man sammeln und entdecken kann: Natürlich findet man an allen Ecken und Enden Kalksteine für die Gesteinssammlung zu Hause. Aber wer mal Botaniker werden will, sollte auf jeden Fall einen Fotoapparat mitbringen und die seltenen Galmei-Veilchen und die Galmei-Nelken fotografieren und zu Hause in das Flora-Tagebuch kleben.

Während in der Vulkaneifel die Landschaft durch Vulkane und Vulkanite bestimmt wird, besteht die Nordeifel hauptsächlich aus Kalkstein. Im Erdzeitalter Mitteldevon vor 380 Millionen Jahren bildeten sich diese in einem lagunenartigen Flachmeer, überall wuchsen mächtige Korallen- und Stromatoporenriffe. In vielen Steinbrüchen in der Nordeifel werden diese Kalke seit Jahrtausenden abgebaut, hernach wird das Gestein meist gebrannt und zu Mörtel weiterverarbeitet. Archäologen haben Spuren entdeckt, die beweisen, dass schon die Römer bei Stolberg Kalkstein abhämmerten. Möglicherweise reicht die Steingewinnung aber auch noch weiter zurück. Auf unserem Weg besuchen wir den Ort Breinig mit seinen wunderschönen Gebäuden aus Blaustein, picknicken in urigen zugewachsenen Steinbrüchen, in denen einst dieser Blaustein abgebaut wurde, und erkunden eine alte Bergbaulandschaft.

Tourbeschreibung

Wir sind unterwegs auf einem etwa neun Kilometer langen Rundweg durch den Ort, die alten Steinbrüche und über den Schlangenberg. Wer kleine Kinder oder lauffaule Teenager dabei hat, der kann vom Schlangenberg zum Schomet auch mit dem Auto fahren.

Wir starten am Wanderparkplatz am Schlangenberg, schlagen den Waldweg links am Berg vorbei ein und gelangen in ein altes Bergwerksgebiet. Das Gelände wurde über die vielen Jahrhunderte hinweg zerwühlt und umgegraben. Wir gehen ein paar Schritte und stoßen auf Relikte des Bergbaus, überall wurde nach Erz gegraben. Wir umrunden den Schlangenberg, besteigen seinen 276 Meter hohen Gipfel und genießen dort, wo eine Gedenkstätte an die Opfer der

beiden Weltkriege erinnert, den Ausblick über den Ort Breinig und das gut hundert Hektar große Naturschutzgebiet. Wer nicht gleich rasten will, kann ihn aber auch erst auf dem Rückweg erklimmen. Was für einen Aufstieg schon zu Beginn spricht: dort oben zeigt ein Lageplan, wo ringsum früher überall Schächte in die Erde getrieben wurden. Wer hernach die Gegend erkundet, kann sich bei der zerklüfteten Landschaft immer wieder vorstellen, wie einst die Römer hier auf der Erde saßen und mit Hacken kostbares Baumaterial aus dem Boden schlugen. Anschließend verlassen wir das Naturschutzgebiet »Schlangenberg« auf dem deutlichen Fahrweg wie auf der Karte eingezeichnet, folgen dem Feldweg immer geradeaus, überqueren die Winterstraße um bei nächster Gelegenheit nach rechts abzubiegen. Am »Zännloch« halten wir uns links und gehen auf den vor uns liegenden Rotbuchen- und Nadelwald zu. Schon sind wir im ehemaligen Steinbruchsgebiet »Am Schomet« angelangt. Wir betreten eine mystische Landschaft aus Kalk. Hier lagert das Gestein im Boden, das wir nachher in der Ortschaft Breinig in den Straßen wiederfinden werden: Die meisten Häuser sind aus dem dunklen, schönen Blaustein gebaut.

Wir folgen dem Weg, passieren eine Barriere aus mächtigen Kalksteinblöcken, dahinter biegt der Weg nach rechts ab, wir laufen an einer großen Wiese vorbei. An deren Ende entdecken wir einen Weg nach links, wer ihn wählt, gelangt in einen großen alten Steinbruch, manchmal ist er mit Wasser gefüllt, manchmal ist der See auch eingetrocknet. Wer die Wand des alten Kalksteinbruchs näher in Augenschein nimmt, erkennt einen interessanten Farbverlauf: Unten ist der Kalk weiß und ausgebleicht, oben ist er grau. Wer zu trockenen Zeiten in den Steinbruch kommt, erkennt an dieser Trennlinie, wie hoch zu manchen Zeiten hier das Wasser steht.

Im Steinbruch auf dem Schomet wurde seit Mitte des 19. Jahrhunderts Kalkstein abgebaut. Dicke ungeschichtete Kalke des oberen Oberdevons (Famenne-Stufe) bildeten sich dort vor etwa 360 Millionen Jahren. Sie lagerten sich hier in einem warmen tropischen Meer ab. Davon zeugen auch typische, aber in diesen Steinbrüchen selten zu entdeckende Fossilien wie Stromatoporen, das sind versteinerte Schwämme, die sich im Erdzeitalter Devon zu großen Riffen auftürmten. Das Gestein wurde auch als »Breiniger Marmor« oder als sogenannter »Blaustein« verkauft. In Kalköfen fand es eher selten Verwendung. Die Bezeichnung »Blaustein« wurde in der Region ursprünglich für einen unterkarbonischen Kalk verwendet, den Kohlenkalk. Diesen benutzte man vielerorts als Hausbaustein. Irgendwann aber waren die Vorkommen des »Aachener Blausteins« aufgebraucht und devonische Riffkalke wie der vom Schomet wurden verwendet.

Wir verlassen auch diesen Steinbruch, kehren auf den Hauptweg zurück und folgen ihm in den Ort. Wir biegen nach rechts auf die Straße Alt-Breinig ab. Diese Ansiedlung hätte es eigentlich verdient, Weltkulturerbe zu werden, so schön sind

Geschichte, zu erzählen bei der Rast:

Vielleicht begegnet man bei seinem Rundgang in Bad Breinig ein paar Hunden oder Katzen und im Naturschutzgebiet natürlich vielen Insekten und Vögeln. Das ist nett, aber wenig exotisch im Vergleich zu Begegnungen, die Kinder hier Ende der 50er Jahre machen konnten. Da trampelte neben den Kindern im Dorf auf dem Nachhauseweg von der Schule schon mal ein Elefant. Oder ein Nashorn grüßte von der nahe gelegenen Wiese zum Mittag. Das kam daher, dass 1958 verlegte der Zirkusdirektor Adolf Althoff sein Winterquartier in das Dörfchen. Er erwarb eine ehemalige Gewerbehalle zu der später zwei überdachte Abstellflächen, ein großes Rundzelt sowie sein Privathaus dazu kamen. Auch am Bahnhof war damals in Breinig einiges los. Die Zirkuszüge sorgten jeweils zu Beginn und Ende des Winterquartiers für Aufsehen. Später wurden die Tiere allerdings per Lkw transportiert. 1996 wurde der Zirkus Williams-Althoff verkauft. An die Zirkus-Ära erinnern noch heute ein Straßenschild »Am Zirkus« und das Grab vom 1985 verstorbenen Senior-Direktor Adolf Althoff auf dem Friedhof.

Geologischer Exkurs: Warum gibt es hier so mächtige Kalksteine?

In der geologischen Einleitung haben wir erfahren, dass mit dem Mitteldevon die sandige Sedimentation vom Old-Red-Kontinent im Norden stoppte und das flache Thethysmeer sich von der Sonne durchflutet aufheizte. In solchen Meeren bilden sich Kalke, die sich später verfestigen und sich in Kalkstein verwandeln. Schuld an allem ist das im Wasser enthaltene Kohlendioxid-Gas $CO2$. $CO2$ ist auch im Sprudelwasser und in der Atemluft enthalten, also vollkommen ungiftig. Es löst sich in Wasser. Allerdings nur in kaltem, je höher die Temperatur, umso schlechter kann es sich auflösen. Mit den $H2O$-Molelülen bildet $CO2$ die schwache Säure Kohlensäure $H2CO3$ – diese Säure löst Kalk langsam. Man muss hier eher in geologischen Zeiträumen von Jahrmillionen denken. In kaltem Wasser befindet sich viel Kohlensäure, in warmem Wasser keine Kohlensäure, also fällt im warmen Meer Kalk aus dem Wasser aus oder es leben dort sehr viele kalkskelettbildende Organismen wie Korallen, Stromatoporen und Brachiopoden. Nun löst die Kohlensäure den Kalk sehr langsam, deutlich wird es aber, wenn wir einen Kalkstein mit nach Hause nehmen und ihn in Entkalker für die Kaffeemaschine legen (Zitronensäure oder Essigsäure), diese stärkere Säure beginnt sofort, den Kalk langsam aufzulösen.

Wird der so entstandene Kalkstein später von Meerwasser durchflossen, in dem Magnesium-Ionen enthalten sind, so wird jeweils ein Calcium-Ion des Kalkes $CaCO3$ gegen ein Magnesium-Ion ausgetauscht und es entsteht Dolomit $CaMg(CO3)2$. Bestes Beispiel für solche Karbonatbildungen sind die Südtiroler Dolomiten. Dolomit ist härter als

Kalk, durch die Dolomitisierung verändert sich die Struktur und jegliche Fossilien werden zerstört.

Seit mehr als 4000 Jahren beherrschen die Menschen die Technik des Kalkbrennens, Kalk wird in Kalköfen gebrannt, er wird stark erhitzt und verblasst dabei zu weißem Stein. Verrührt man diesen Branntkalk mit Wasser, wird er hart. Es handelt sich dann um Mörtel, mit dem Häuser gebaut werden. In Breinig wurde aber kein Branntkalk hergestellt, dazu war dieser Kalk zu hochwertig. In den besichtigten Steinbrüchen verarbeitete man ihn weiter zu wertvollen Hau- und Werksteinen, die als »Breiniger Marmor« oder »Blaustein« gehandelt wurden.

Kalkbrennöfen lassen sich beispielsweise bei den Steinbrüchen im nur wenige Kilometer entfernten Walheim besichtigen.

die aus Kalkstein gebauten Häuser, so liebevoll werden sie von den Bewohnern gepflegt. Wer genau hinsieht und sich ein bisschen auskennt, erkennt in dieser Straße verschiedene Kalksteine. Da ist als dominierender Baustein zunächst der oberdevonische Kalk aus den Brüchen des Schomet sowie der unterkarbonische »Aachener Blaustein«, verbaut wurde aber auch ein mitteldevonischer Dolomit, der gelblich erscheint und eher sandig wirkt. Im Gemäuer der Kirche entdeckt man zudem oberdevonischen Sandstein.

Ein paar Schritte hinter der Kirche mündet die Straße »Alt-Breinig« in die Winterstraße, hinter dem Ort zweigt nach links die Buttergasse ab, der wir folgen. Der Schlangenberg ist von hier gut sichtbar. Welchen Feldweg wir dorthin einschlagen, ist gleichgültig. Wir überqueren in jedem Fall die Straße »Duvvelor«, von dort führt ein Pfad auf den Schlangenberg zu, den wir spätestens jetzt besteigen und auf der Infotafel auf dem Gipfel erkennen, dass sich hier im Untergrund zahlreiche jetzt zugeschüttete Schächte verbergen, über die Erz nach oben gefördert wurde. Schon die Römer schürften hier am Schlangenberg nach Erz, vorwiegend wurden Zink, Blei und Cadmium gewonnen. Der Erzbergbau wurde zum Ende des 19. Jahrhunderts eingestellt, danach diente das Gelände bis in die 1980er Jahre als Truppenübungsplatz. Die Militärfahrzeuge zerwühlten den Boden weiter und verteilten die Metalle auf dem gesamten Gelände. Das ist auch der Grund dafür, dass die Böden heute hohe Schwermetallgehalte aufweisen. Das hört sich erstmal nur giftig an, hat aber einen schönen Nebeneffekt. Auf solchen Böden gedeihen ganz besondere und seltene Pflanzenarten, sogenannte »Metallophyten«, die diese Böden geradezu lieben. Seit 1990 steht das Gebiet unter Naturschutz und aus der Industriebrache entstand ein wertvolles Biotop von erstaunlicher Artenvielfalt. An Tieren tummeln sich hier mehr als 300 Schmetter-

lingsarten, darunter der hübsche Grüne Zipfelfalter, aber auch Vögel wie der seltene Bodenbrüter Heidelerche. Schlangen gibt es – anders als der Name vermuten lässt – allerdings eher wenige am Schlangenberg. Es ist schon ein größerer Zufall, wenn Ihnen auf dem Weg eine Schlingnatter begegnet. Schon eher fündig werden Liebhaber besonderer Pflanzen. Denn hier entwickelte sich eine einzigartige Galmei-Vegetation. Das gelbe Galmei-Veilchen, das dort blüht, findet sich auf der gesamten Erde nur zwischen Aachen und Ostbelgien. Als »Galmei« bezeichnete man früher Mineralgemenge von verschiedenen schwefelfreien Zinkerzen wie Zinkkarbonat und Zinksilikat, die man damals nicht näher unterscheiden und auch nicht trennen konnte. Galmei war damals der einzige Stoff, aus dem man in Verbindung mit Kupfer Messing herstellen konnte.

Seit der Antike war der Galmei wichtig für die Herstellung von Messing. Eines der bedeutendsten historischen Galmeivorkommen war der Breiniger Berg (=Schlangenberg) bei Breinig. Typische galmeiliebende Pflanzen, die hier vorkommen sind neben dem Galmei-Veilchen das Galmei-Täschelkraut und die Galmei-Grasnelke.

Impressum

Sven von Loga,
www.expedition-rheinland.de, post@expedition-rheinland.de
Claudia Lehnen,
www.travelini-blog.com, claudia.lehnen@gmx.de

Römer, Moor & Eiszeithöhlen
Geo-Exkursionen für Familien in der Nordeifel

Die Autoren freuen sich über Verbesserungsvorschläge und Hinweise zu eventuellen Wegänderungen. Kontakt über die oben stehenden E-Mail-Adressen.

Lektorat und Korrektorat: Claudia Lehnen
Gestaltung und Satz: Björn Pollmeyer
Fotos: Sven von Loga, Claudia Lehnen (Titel, 94, 98, 101, 102), Ralf Pingel (103), Jenny Meyszner (61, 64), Ralf Hildner (92 Mitte)

Die Karten wurden von Inkatlas.com erstellt.
Copyright OpenStreetMap contributors (openstreetmap.org), OpenTopoMap (CC-BY-SA).

Gedruckt in der Europäischen Union, Finidr, CZ

FSC www.fsc.org
MIX
Papier aus verantwortungsvollen Quellen
FSC® C014138

1. Auflage 2021, Eifelbildverlag,
ein Imprint der Kraterleuchten GmbH,
Gartenstraße 3, 54550 Daun

www.eifelbildverlag.de
ISBN 978-3-946328-73-5